怦然心动的人生
整理魔法

张艳玲

编著

ZHANG YAN LING

BIAN ZHE

民主与建设出版社

·北京·

©民主与建设出版社，2018

图书在版编目（CIP）数据

怦然心动的人生整理魔法 / 李志敏编著. — 北京：民主与建设出版
社，2017.12
　　ISBN 978-7-5139-1834-3

　　Ⅰ.①怦… Ⅱ.①李… Ⅲ.①人生哲学 – 通俗读物
Ⅳ.①B821-49

　　中国版本图书馆CIP数据核字（2017）第316034号

怦然心动的人生整理魔法
PENGRANXINDONG DE RENSHENG ZHENGLIMOFA

出　版　人：许久文
编　　　著：李志敏
责任编辑：王　颂
出版发行：民主与建设出版社有限责任公司
电　　话：（010）59419778　59417747
社　　址：北京市海淀区西三环中路10号望海楼E座7层
邮　　编：100142
印　　刷：三河市天润建兴印务有限公司
版　　次：2018年4月第1版
印　　次：2018年4月第1次印刷
开　　本：710mm×1000mm　1/16
印　　张：17
字　　数：130千字
书　　号：ISBN 978-7-5139-1834-3
定　　价：39.80元

注：如有印、装质量问题，请与出版社联系。

前　言
PREFACE

大发明家爱迪生说过："如果你希望成功，当以恒心为良友，以经验为参谋，以当心为兄弟，以希望为哨兵。"

纵观大千世界，芸芸众生，没有哪一个人不希望自己成功。但是，在通往成功的道路上，却又充满着诸多意想不到的因素。只有那些善于学习和汲取成功者的经验，善于把握人生机缘，顺势而为的人，才会一帆风顺，即便是遇到不测，也会化险为夷，最终登上人生的峰峦之巅。

我们用心观察那些成功的佼佼者的人生履历，不难发现，但凡成就卓越的人，几乎都在追求梦想的过程中表现出一种超人的智慧。这种人生智慧，其实真的好像是一种魔法，引领着那些执着的人一步一步走向成功之路。

看看人世间那些各个行业的成功者，在走上成功之路的过程中，各有不同的奋斗艰辛，但不可否认的是，在成功之路上行走着的人，绝对是智慧的超强者。单就对于财富拥有者这一项成功来说，只有那些智巧者才总会获得更多的财富，而愚笨的人只能取得少许财富。其智慧人生促使其成功的过程，可谓管中窥豹略见一斑。

更不要说那些精彩的人生拥有者，那些步入人生之巅的成功者，也都无一例外地不仅深谙世事，更具有着超人的智慧。

纵览一个个成功者的人生之旅，追寻人生精彩者的足迹，无不是以具有魔法一般的智慧，在自己的人生旅途里进退自如、左右逢源，最终攀登上人生的辉煌顶点。

当然，因为人生是一条没有回程的单行线，人生又不能像影视剧那样进行彩排。人生的每一天都可谓是现场直播的镜头。世上更没有廉价的成功，关键是要努力地改变自己，让自己不断地适应这个纷繁变化的社会。只有这样，才不会与自己的那一条成功之路擦肩而过，也才会与自己的那一条成功之路越来越近。即便是走得最慢的人，只要认准了自己的方向，也比漫无目的原地徘徊的人走得要快许多。

然而，当我们仔细品味一个个成功的经验，原来人生也是自有魔法可循的哦！

这就像人的潜能那样，它也是一座无法估量的丰富的矿藏，只等着我们去挖掘，去开发。

远大的目标非常重要，一定要有成功的企图心，而

前 言
PREFACE

且越大越好。我们要相信，这个世界既不是有钱人的世界，也不是有权人的世界，它是有心人的世界。来吧，把自己变成一个有心人。只有真正有心的人，才距离那一条成功之路更近一些。无疑，这个心，其实说的就是人生智慧，它就像是整理人生的魔法一般地神奇无比。

正像歌曲《真心英雄》里唱到的那样，只有当我们认真地"把握生命里的每一分钟——全力以赴我们心中的梦——不经历风雨怎么见彩虹——没有人能随随便便成功……"

我们不能把自己复制为一个成功者，但是，我们完全有理由参照成功者的经验，学到成功者的智慧，用心体悟大胆行动起来，让自己成功把握人生机缘，顺势而为，少走弯路，一路顺风，直达自己的人生顶点。

本书就是要送给你一根魔棒，让你受益良多。它虽不能点石成金，却能给你带来一定的人生智慧，它必定成为你整理人生的神奇魔法，以便帮你点燃理想信念之火，开启幸运之闸门，引领你走上成功之路，给你的人生带来精彩和辉煌！

目　录
CONTENTS

第一章

站在巅峰回望，成功的足迹异常清晰

第二章

智慧，是引领人生的神奇魔法

阻碍成功人生的阴霾必须驱除

第四章

点燃成功人生的魔法棒，引领你成功

第五章

智慧的魔棒，就在你身边

第一章

站在巅峰回望，
成功的足迹异常清晰

　　人生如登山，只要一步一步地向上攀登，你就会看到不同的风景，体会到"远近高低各不同"的妙处。但当我们登临绝顶的时候定会发现，原来上山的路不仅仅是人们所知道的这么一两条，而在那许多条中又不乏更轻松、更易达到绝顶之路，只是我们当时考虑得太少罢了！同样，试着站在生存境界的另一极考虑人生之路，你或许就能找对那条通往人生之巅的捷径。

01 知而后行，
是人生成功的第一步

再绝妙的人生规划，不付诸行动实施都会随时光消逝，不再具有价值。

有一只住在森林里的蜗牛，对它平淡的生活感到很厌倦。于是它打算振作起来，希望自己在有生之年能够有所作为。

蜗牛曾听人说过"登泰山而小天下"，既然有很多人游览泰山后，能悟出不少高深的道理，蜗牛也跃跃欲试，便决定去泰山一趟！当它准备启程时，突然想到了泰山距这儿何止千里，它若是爬过去怎么也要用上三五千年！一想到这儿，蜗牛便放弃了去泰山的计划。

接着，蜗牛又想到了人们常常夸赞"桂林山水甲天下"。蜗牛认为去这么好的地方，肯定也会有所作为的。当它准备行动时，又想到桂林比泰山还要远很多——即使它是只兔子，老死也到不了那里，于是又放弃了去桂林的想法。

在后来的日子里，像这样的想法蜗牛无时无刻不在思考着，但它觉得去哪儿对于它来说都不太现实。没过多久，蜗牛就死在树枝上，被蚂蚁们讥笑着搬回家作了过冬的食物。

蜗牛尽管有着众多美好的理想，然而它却将这些美好的愿望停留在了头脑当中，最终导致了一无所成。

北京天桥的老艺人们有这样一句行话："光说不练是假把式，光练不说是傻把式，又练又说才是真把式。"事实上道理也是如此，"想"和"做"要有机地结合起来才能产生最好的共鸣。古今中外能成大事者，都不是行动上的矮子。好的人生规划或创业思想，要敢于将它付诸行动，只有付诸行动才能将之变成现实。

乔根是个保险推销员，他非常喜欢打猎和钓鱼，这些爱好太花时间。有一天，当他好不容易挤出时间来匆匆钓了几条鱼后，准备打道回府时突发奇想："在这荒山野岭里会不会也有居民需要保险？要是有的话，不就可以工作的同时又能在户外逍遥了？"结果他发现果真有这种人：他们是铁路沿线的铁路工作人员、猎人和淘金者。

乔根当天就开始了积极行动。乔根沿着铁路走了好几趟，那里的人都叫他"走路的乔根"，他成为那里与世隔绝的家庭中最欢迎的人。不但如此，他自己也在这段时间才学会了的烹饪手艺，也使他变成了最受欢迎的贵客。而与此同时，他也能够徜徉于山野之间，打猎、钓鱼，像他自己所说的"过乔根式的生活。"

在保险事业里，对于一年卖出100万美元以上的人设有一个光荣的特别头衔，叫做"百万圆桌"。把突发的一念付诸实行以后，乔根一年之内就做成了超过百万美元的生意，因而赢得了"圆桌"上的一席之地。

人们常说，行动，就有百分之五十的成功率；不行动，成功率只能为零。或许做某件事看起来会困难重重，但到了真正实施的时候却没有想象中的那么难。行动创造成功，也创造失败。成功了固然好，然而哪怕我们失败了，也绝不会后悔，因为我们得到的不仅仅是失败的痛楚，更重要的是我们还得到最宝贵的人生经验，它将为我们下一次的成功铺平道路。

02 敢于冒险，
做一个正视人生的人

你害怕冒险？那你完了，幸运之神将不会过多地眷顾你了！

狼在吃骨头时，不小心将一块骨头卡在了喉咙里十分难受，于是它四处求救。狼遇到了许多动物，都不愿意帮助它，原因很简单：它们都憎恨狼做的坏事太多，巴不得那块骨头永远都取不出来，那样狼便不能继续作恶了。

后来狼遇见了鹤，狼的再三恳求以及诱人的报酬打动了鹤的心。于是鹤便答应狼帮它将骨头取出来，条件是让狼一定要遵守它许下的诺言，付给它应得的报酬。狼为了快点儿将骨头取出来结束痛苦，一个劲儿地点头。

条件谈妥后，鹤便把头伸进了狼张开的嘴里，用它那尖而有力的嘴，将卡在狼咽喉的骨头取了出来。然后，鹤便向狼索取狼曾经许诺的报酬。狼笑呵呵地对它说："听我说，朋友，你能平安地从狼的嘴里把头缩出来，难道你不为此而庆幸吗？还敢奢求报酬，你应该感谢我对你嘴下留情才对！"

完美的人生应该承受各种各样的体验，其中冒险就是人生最需要的体验，它能让我们感受到真实的生活，感受到脉搏的跳动，感受人生那部分从未有过的刺激。

然而，像寓言中的鹤那样冒险却是不可取的，因为这样的危险几乎可以断送掉自己的性命，而且成功率低的可怜。因此，我们常常会因为做某事的风险太大而放弃，这并不为过，不过倘若只是为了一些尚未或者根本就不会发生的困难而错失机遇，那就太过可惜了。

日本不动产公司创始人渡边正雄曾是个小商人。创业之初，有位地产商向渡边正雄推荐了一块土地：有几百万平方米、相当廉价的一块土地，当时那块土地上人迹罕至，也没有公共设施，甚至没有道路，但这块土地却与天皇御用土地邻近。从这两点因素中很难预测出这块土地的长远价值如何。

地产商告诉渡边正雄：这块地他虽然向许多的地产公司推销过，但因为风险原因没人愿意买。听到地产商如此叙述，渡边正雄经过细致的分析，果断地作出风险决策：倾注全力筹措资金，预付了部分押金将其买了下来。地产界的同行们都不理解他的这种做法，有的甚至还嘲笑他是初出茅庐的毛头小子，亲戚朋友也为他的冒险而担心。渡边正雄却毫不介意，他坚定不移地进行着他的计划，他在买下的这块地上修建了道路、建立起了许多的小型别墅，还请人种植了许多果树。

战后的日本经济开始迅速发展，人们的收入有了很大的提高，生活水平也得到了很大的改善。人们也逐渐对城市的噪音和污染感到厌恶，都渴望着亲近大自然。

有些人已经开始注意到渡边正雄的这片充满着山间大自然的芳香和宁静的土地了。渡边正雄趁势在报刊上大肆宣传这片土地的优美环境，招引一些富裕阶层前往订购别墅和果园。一些经营耕作的农民，看到那里有民房出租、有耕地租用，也有许多跑来定居的。

一年左右的时间，渡边正雄就把这块几百万平方米的山地卖掉了大部分，这让他在这项风险决策中赚到了大约50亿日元的利润。渡边正雄利用赚来的钱投资完善了这些土地上缺乏的配套设施，并在其余的两成土地上修建了学校、商店等服务项目，就这样，渡边正雄将这个看起来风险很大的决策更成功了。

经过3年时间，那块山地变成了一个漂亮的别墅城市，渡边正雄从中赚的钱有数百亿之多。

人们常说风险与机遇并存，没错的，冒险就是这么危险与刺激，它能让敢于冒险的人充满机遇，同时也能让他们遭遇不幸。那么，我们不妨想一下，社会当中哪些人拥有更多的财富，更精彩的人生呢？无疑是那部分敢于冒险，正视人生的人。

精彩的人生缺少不了冒险，成功的人生同样缺少不了冒险，但值得一提的是，当冒之险必须要冒，盲目地冒险必然导致失败。

03 努力去尝试，
必定有回报

行动上的矮子，往往是扼杀美好未来的刽子手。只有敢于尝试，才能迈向成功的第一步。

有个中年人不断到教堂祈祷，而且他的祷告词几乎每次都相同。

第一次他到教堂时，跪在圣坛前，虔诚地低语："上帝啊，请念在我多年来敬畏您的份上，让我中一次彩票吧！阿门。"

几天后，他又垂头丧气地回到教堂，同样跪着祈祷："上帝啊，为何不让我中彩票？我愿意更谦卑地来服侍您，求您让我中一次彩票吧！阿门。"

又过了几天，他再次出现在教堂，同样重复他的祈祷。如此周而复始，不间断地祈求着。

到了最后一次，他跪着："我的上帝，为何您不垂听我的祈求？让我中彩票吧！只要一次，让我解决所有困难，我愿终身奉献，专心侍奉您！"

就在这时，圣坛上空发出一阵宏伟庄严的声音："我一直在垂听你的祷告。可是最起码，你也该先去买一张彩票吧！"

区别一个人是真有能耐还是"假大空"只要去看他做的事就行了。用手而不是用嘴，着手去做而不是光说不练，是优秀的人应具备的品格。

寓言中的上帝说得对——要想成功，仅仅依靠诚意是达不到的，还要付出应有的行动和努力才行。

美国独立战争时期的一天，华盛顿骑马经过一队士兵面前，他们正在设法把一根大梁放到屋顶上去。

连长拼命地喊着以鼓舞士气，但没有用。华盛顿问他为什么不参加进去，帮一把。那个连长脱口而出："难道你看不出我是连长？"

华盛顿礼貌地说："对不起，连长先生，我没有想到。"

华盛顿于是下马同那些士兵一起干，直到把那大梁放上去为止。他擦了把汗说："如果你们以后需要帮忙的话，可以找你们的总司令华盛顿，我一定来。"

在这个注重执行的年代，要想在工作中得到权威，在生活中得到认同，就不能做"语言的巨人，行动的矮子"，你必须用实际行动来证明自己。

04 要有真本事，
还得靠学习

多学知识没有害处，因此我们要活到老学到老。

在美国东部的一所大学里，期终考试的最后一天，一群即将毕业的学生挤在教学楼的台阶上，正在讨论着即将进行的考试，几年的刻苦学习使他们充满了自信。毕竟这是他们毕业与工作之前的最后一次测验了。

其中，一些人在谈论他们现在已经找到的工作，而另一些人则谈论他们将会得到的工作。带着通过四年的大学的学习所积攒起来的自信，很明显他们感觉自己已经准备好了，甚至都觉得自己有足够的能力和知识来征服这个社会。

这些年轻人一点也不紧张，因为这场即将到来的测验将会很快结束——教授曾经说过，他们可以带任何书籍或笔记作参考的。唯一的限制，就是他们不能在测验的时候交头接耳。

时间终于到了，他们兴高采烈地冲进教室。教授把试卷分发下去。当学生们注意到只有五道评论类型的问题时，更加掩饰不住他们内心的兴奋。

三个小时过去了，教授开始收试卷。然而，这些年轻人看起来不再自信了，他们的脸上是一种恐惧的表情。没有一个人说话，教授手里拿着试卷，面对着整个班级。他俯视着眼前那一张张焦急的面孔，然后问道："完成五道题目的有多少人？"

没有一只手举起来。

"完成四道题的有多少？"

仍然没有人举手。

"三道题？两道题？"

学生们开始有些不安，在座位上扭来扭去。

"那一道题呢？当然有人完成一道题的。"

但是整个教室仍然很沉默。教授放下试卷，"这正是我期望得到的结果。"他说。

"我只想给你们留下一个深刻的印象——即使你们已经完成了四年的'修行'，关于学习的事情仍然有很多是你们所不知道的。这些你们不能回答的问题是与每天的普通生活实践相联系的。"然后他微笑着补充道，"你们都会通过这个课程，但是记住——即使你们现在已是大学毕业生了，你们的教育仍然还只是刚刚开始。"

故事中教授并非真得想用五道难题来打击学生们的自信心，他的目的仅仅是希望这些学生能够明白在以后的工作和生活中，只有低姿态才能学到更多的东西罢了。

活到老，学到老，每个人若要跟上时代的脚步，就必须不停地学习。因为在现代社会中，知识的更新速度越来越快，不努力学习，就会被淘汰。因此，即使是百岁老叟，只要付出，就会有收获，即使比不上别人，但跟自己比未尝不是一种超越。只要行动起来，就比原地踏步要强得多。

晋文公在七十岁那年还想学点什么东西，可是他又怕太晚了，于是他对大臣师旷说："我想请教先生该怎么做。"师旷反问道："你为什么不点一支蜡烛来照明呢？"晋文公不解地埋怨师旷道："我在跟你讲正经事儿，而你怎么跟我开玩笑呢？"师旷赶忙回答道："臣怎么敢戏要君王您呢？臣只听说过：少年时好学，好比早晨的太阳；壮年时好学，好比中午的太阳；而老年人好学，好比在晚上点起蜡烛照出的光明。用蜡烛照出的光明，尽管范围很小，可是它总比在黑暗中行走好得多吧！"晋文公听了以后，恍然大悟地说："一点也不错！"

人们常说的"百尺竿头，更进一步"，也是比喻在取得很高的成就后争取更高的成就。倘若取得成就之后就自满，那是不会再有更深的造诣。

世界上还有一些人之所以不能"更上一层楼"，不是因为过于自大，而是因为信心不足——他们总是以时间、年龄、精力等一系列的借口，将自己束缚在一个不能继续学习、修行的位置上，如果他们从的内心里就认为自己不能学习了，他们才学习不到任何东西。

05 对自己严，
才能令人信服

律己的人能够将所有的事情做得头头是道，更能够获得大多数人的尊敬与信赖。

有个牧童赶着一群羊在牧场上放牧，天色渐晚，是该把羊赶回羊圈的时候了，他便吆喝着赶羊入圈，其中有只羊很不听话，走几步便低头啃啃草，远远地落在了羊群的后面。

牧童很是生气，便捡起石头朝那只羊掷去，不料石头不偏不正，正好打在山羊的角上，结果羊角被打折了一个。于是他怕主人怪他，便恳求山羊不要把这件事告诉主人，山羊摇了摇头叹息道："我不说又有什么用呢？这件事情根本不可能瞒得住主人，我头上的角折了是明摆着的事情，即使我不说主人也是会看到的。"牧童听了山羊的话觉得很有道理，于是回去以后，主动把这件事情告诉了主人，主人不但没责怪他，反而还夸赞他诚实，敢于承认错误，并且奖励了他。

牧童向主人主动承认了自己的错误，不但没有得到主人的处罚，反而是更加赏识他。倘若他没有认识到自己的错误，依然遮遮掩掩地隐瞒错误，不难想象结果会是怎样的，这便是严格要求自己的好处。

严于律己、宽以待人是说一个人对自己为人处事各方面要求严格，对别人要求宽松。这是做人的一个良好品德。如果一个人不是严于律己、宽以待人，而是宽以待己、严于律人，认为别人总是一无是处，什么都不如自己，事事都是自己高明正确、完美无缺，那么，这样的人，哪怕是自己身上的红肿之处，也要赞为艳若桃花，更不要说去无情地解剖自己了。

严于律己，别人才能够信服，自己才能得到更大的威望与信任，汉朝的周亚夫便是这样一位名将。

汉文帝六年（前158年），匈奴大举入侵边关，文帝命宗正刘礼为将军，屯军灞上；祝兹侯徐厉为将军，驻军棘门；河内郡守周亚夫为将军，驻守细柳（今陕西咸阳西南）。三军警备，以防匈奴入侵。

文帝亲自去慰劳军队，到了灞上和棘门，军营都可直接驱车而入，将军和他下面的官兵骑马迎进送出。接着去细柳军营，营中将士各个披坚持锐，刀出鞘，弓上弦，拉满弓，持战备状态。文帝的先导驱车门下，不得入。先导说："天子就要到了！"守卫军门的都尉说："将军有令：军中只听将军命令，不听天子的诏令。"等了一会儿，文帝到了，又不得入营。于是文帝派使者手持符节诏告将军："我要入军营慰劳军队。"周亚夫才传令打开营门。营门的守卫士兵对皇帝随从人员交代说："将军规定：军营中不准车马奔驰。"于是文帝的车便控着缰绳，慢慢走。到了营中，将军周亚夫手持兵器向文帝拱手说："身着铠甲的将士不行拜跪礼，请允许我以军礼参见。"天子深受感动，改换了姿态，靠在车前横木上向军队敬礼。派人称谢说："皇帝郑重地慰劳将军。"劳军仪式结束后，出了营门，群臣都非常惊讶。文帝称赞道："这才是真正的将军呢！以前见过的灞上和棘门的军队，好像小孩子做游戏。那里的将军遭袭击就可成为俘虏。至于周亚夫，敌人能有机会冒犯他吗？"文帝对亚夫赞美了很久。

一个多月以后，三支部队撤兵，文帝便任命周亚夫为中尉，负责京城的治安。周亚夫的治军给文帝留下了深刻的印象，文帝临死时嘱咐告诫太子刘启（后来的景帝）说："国家若有急难，周亚夫可以担当带兵的重任。"文帝逝世后，景常即位，任用周亚夫为车骑将军。

周亚夫治军，严字当头，连皇帝也不例外，可谓严得相当彻底了。

骏马能历险，犁田不如牛；坚车能载重，渡河不如船。尺有所短，寸有所长。人各有优点，各有不足。每个人都要多看别人的优点和长处，多想自己的问题和不足，不断地加以改进和克服。只有这样，才能得到长足的进步和不断的提高。

06 跌倒了，
要想办法爬起来

当你有99次倒下的时候，必然就会有100次站起来。因为无论任何的打击，坚忍不拔的精神都会帮助你走向成功。

一位父亲苦于自己的孩子已经十五六岁了，还没一点男子汉的气概。他去找得道的禅师，让他帮忙训练他的孩子。

"你把他放在我这儿待半年，我一定把他训练成真正的男人。"禅师说。

半年后，父亲来接儿子，禅师让他观看他孩子和一个空手道教练进行的比赛。只见教练一出手孩子就应声倒下，他站起来继续迎战，但马上又被打倒，他又站了起来……

就这样来来回回一共18次。父亲觉得非常羞愧："真没想到，他居然还是这么不经打，一打就倒了。"

禅师说："你只看到表面的胜负，你有没有看到他倒下去又站起来的勇气和毅力呢？那才是真正的男子汉气概啊！"

故事中，男孩的英雄气概不在于身体上的强壮，而在于他拥有了坚定的信心，有着无法被打到的信念，这就足够了。尽管他的父亲没有看透这点，但是事实上却很明显。

在人生路上，无论遇到什么样的困难和挫折，我们都要具有坚韧的个性，绝不放弃，经得起考验，才能走向成功之道。正所谓"天将降大任于斯人也，必先苦其心智，劳其筋骨，饿其体肤，空乏其身，行拂乱其所为"。

帝尧时，中原洪水为灾，百姓愁苦不堪。鲧受命治理水患，用了九年时间，洪水未平。舜巡视天下，发现鲧用堵截的办法治水，一点成绩也没有，最后在羽山将其处死。接着，他就命鲧的儿子禹继任治水之事。

禹接受任务以后，立即与益和后稷一起，召集百姓前来协助。他视察河道，并吸取父亲治水失败的教训，决定改革治水方法，变堵截为疏导。他亲自翻山越岭，趟河过川，拿着工具，从西向东，一路测地形的高低，树立标杆，规划水道。他带领治水的民工，走遍各地，根据标杆，逢山开山，遇洼筑堤，以疏通水道，引洪水入海。

大禹治水，不仅时间漫长，而且十分艰苦，然而他以无私忘我的精神，奋斗不息。在他接受治水的任务时，刚刚与涂山氏的女儿结婚，他决然地离开妻子，踏上了治水的道路。后来，他路过家门口，听到妻子生产，儿子呱呱坠地的声音，都咬着牙没有进家门。第三次经过的时候，他的儿子启正抱在母亲怀里，他已经懂得叫爸爸，挥动小手，和禹打招呼，禹只是向妻儿挥了挥手，表示自己看到他们了，还是没有停下来。禹在外面辛辛苦苦地干了十三年，三过家门而不入，正是他劳心劳力治水的最好证明。

禹穿着破烂的衣服，吃粗劣的食物，住简陋的席篷，每天亲自手持耒锸，带头干最苦最脏的活。几年下来，他的腿上和胳膊上的汗毛都脱光了，手掌和脚掌结了厚厚的老茧，躯体干枯，脸庞黝黑。经过十三年的努力，他们开辟了无数的山，疏浚了无数的河，修筑了无数的堤坝，使天下的河川都流向大海，终于治水成功，根治了水患。刚退去洪水的土地过于潮湿，禹让益发给民众种子，教他们种水稻。

在这个世界上，有很多人做事情都注重表面的结果，只以成败论英雄，一旦遭到失败和挫折马上就放弃了。然而，有许多事情很难做到一夜成功，只有具备坚忍不拔的意志才能坚持到底。因此，做事的过程才是最重要的。

一个人如果在失败的时候不忘初衷，具备了跌倒后随时可以爬起来的毅力和勇气，他就有希望走向最后的成功。

07 希望之光，
就是生命之光

人生转瞬即逝，所有的经历，只是一场与命运的抗争。

一只蜜蜂，不小心撞进了蜘蛛网。它立即猛烈地挣扎，可是柔韧的丝网紧紧地粘住了它，它只好慢慢地停止了挣扎。就在这时，远处的蜘蛛发现了即将到口的美餐，开始缓缓地向蜜蜂靠近。

10厘米，5厘米，马上就要……突然，蜜蜂再度开始奋力鼓动双翼，扭动身体，整张蜘蛛网在它顽强挣扎中战栗起来。蜘蛛只好减速。

时间慢慢地流逝，蜜蜂的挣扎渐渐地微弱了。蜘蛛已逼近了蜜蜂，蜜蜂的抗争似乎变成了徒劳。但是，它仍然奋力地扭动身体，鼓动双翼，几乎是用尽全身的力量，做着最后的抗争。

只要生命还有一丝希望，奇迹就能够出现。果然，在蜜蜂马上就要被蜘蛛吞食时，在蜜蜂挣扎到生命的尽头的时候——刮起了一阵狂风，蜘蛛网被吹得支离破碎。蜜蜂得救了。

"困兽之争"原本形容无意义的挣扎，但是其实际上并非没有积极含义，有时候这样的挣扎往往能够绝处逢生，救自己一把，故事中的蜜蜂不正是如此吗？

弥尔顿有句名言："谁最能忍受苦难，谁的能力就最强。"因责任的感召，很多最伟大的人的工作都是在苦难考验和困境中完成的。他们乘风破浪，顽强拼搏，到达岸边时已筋疲力尽，却欣赏到人生风浪的无比壮美。

老张下岗了，他在农村老家承包了一片荒山，开始种树。五年过去了，荒山披上了绿装。

收获就在眼前。老张每天都望着郁郁葱葱的树林，发出会心的微笑。

不幸发生在那年深秋，一道激烈的雷电引发了一场山火，无情地烧毁了那片让老张充满了希望的山林。

悲伤过后，老张决定向银行贷款，以恢复山丘以往的勃勃生机。可是银行拒绝了他的申请。老张又失望，又难过，茶饭不思地在家里躺了好几天。

他去县城散心，走到一家店铺门口，发现有很多家庭主妇在排队购买冬季取暖的木炭。看到那一截截堆在箱子里的木炭，老张忽然眼前一亮。

回到村里，老张雇了几个村民，把山坡上烧焦的树木加工成优质木炭，分装成几百箱，送到县城和邻县的木炭分销店。不久，所有的木炭便被抢购一空。

当然，老张也赚到了一笔数目可观的钱。第二年春天，老张又购买了一大批树苗，他的森林庄园，重新披上了新装。困难可以检验一个人的品格。

任何一种障碍，假如不能完全挫败我们，就会产生一种相反的效果；如果我们尽全力去抵抗挫折，挫折也同样将超乎寻常的伟大豪迈之情灌注于我们的心灵。在集中精力克服障碍时，我们鼓舞了斗志，感悟了人生。

蜜蜂生命的奇迹验证了一个真理：在任何时候，任何情况下，我们都不该绝望，都不应该放弃对厄运的抗争。

08 敬业，
要从忠诚开始

忠诚不仅是一种品德，更是一种能力。

忠诚作为一种能力，是其他所有能力的核心，因为如果一个人缺乏忠诚，他的其他能力就失去了用武之地——没有任何一个组织愿意聘用一个缺乏忠诚的人。

一个漆黑的大雪天，中士约翰先生正匆匆忙忙地往家赶。当他经过公园的时候，一个人拦住了他。"对不起，打扰了先生，您是位军人吗？"看起来，这个人很焦急。约翰不知道发生了什么："噢，当然，能够为您做些什么吗？"

"是这样的，刚才我经过公园的时候，听到一个孩子在哭，我问他为什么不回家，他说，是士兵，他在站岗，没有命令他不能离开这里。天这么黑，雪这么大。"这个人说，"我说，你回家吧，他说不，他必须得到命令，站岗是他的责任。我怎么劝他回去，他也不听，只好请先生帮忙了。"

约翰的心为之一震，他说："好吧，我可以这么做。"

约翰和这个人一起来到公园，在不显眼的地方，有一个小男孩在那里哭，却一动不动。约翰走过去，敬了一个军礼，然后说："下士先生，我是中士约翰·格林，你为什么站在这里？"

小孩停止了哭泣，回答说："报告中士先生，我在站岗。""天这么黑，雪这么大，为什么不回家？"约翰问。

"报告中士先生，这是我的责任，我不能离开这里，因为我还没有得到命令。"小孩回答。"那好，我是中士，我命令你回家，立刻。"约翰的心又为之震了一下。"是，中士先生。"小孩高兴地说，然后还向约翰敬了一个不太标准的军礼，撒腿就跑了。

中士约翰先生和这位陌生人对视了很久，最后，约翰先生说："他值得我们学习。"

或许男孩的行为让我们看起来觉得很幼稚，但是他身上所体现出来的对于责任的坚守却是很多人无法做到的。绝大多数人都必须在一个社会机构中度过自己的事业生涯。只要你还是某一机构中的一员，就应当抛开任何借口，投入自己的忠诚和责任心。一荣俱荣，一损俱损！将身心彻底融入公司，尽职尽责，处处为公司着想，对投资人承担风险的勇气报以钦佩，理解管理者的压力并给予体谅。忠诚应当是每一个渴望成功的人应该具备的基本，是一个人的立世之本。

恩坦因·莫斯是德国的一位工程技术人员，因为失业和国内经济不景气，不远千里来到美国，希望在北美这块热土上找到自己的梦想。

但举目无亲的他根本无法立足，只得到处流浪。最后他幸运地得到一家小工厂老板的看重，聘用他担任生产机器马达的技术人员。

恩坦因·莫斯是一个对工作极其严谨而富有钻研精神的人，很快他便掌握了马达的核心技术。

1923年，美国福特公司有一台马达坏了，公司所有的工程技术人员都未能修好。正在焦急万分的时候，有人推荐了恩坦因·莫斯，福特公司就派人请他来。

他来了之后，什么也没有做，只是要了一张席子铺在电机旁，聚精会神地听了三天，然后又要了梯子，爬上爬下忙了多时，最后他在电机的一个部位用粉笔画了一道线，写上"这儿的线圈多绕了16圈"几个字。福特公司的技术人员按照恩坦因·莫斯的建议，拆开电机把多余的16圈线取走，再开机，电机正常运转了。

福特公司的总裁福特先生得知后，对这位德国技术员十分欣赏，先是给了他一万美元的酬金，然后又亲自邀请恩坦因·莫斯加盟福特公司。但是恩坦因·莫斯却对福特先生说，他不能离开那家小工厂，因为那家小工厂的老板在他最困难的时候帮助了他，他要与小工厂共荣辱。

福特先生先是觉得遗憾万分，继而又感慨不已。福特公司在美国是实力雄厚的大公司，人们都以进福特公司为荣，而恩坦因·莫斯却因为忠诚而舍弃如此好的机会。

不久，福特先生作出了一个决定，收购恩坦因·莫斯所在的那家小工厂。

董事会的成员都觉得不可思议：这样一家小工厂怎么会进入福特先生的视野？

福特先生说："人才难得，忠诚更难得，因为那里有恩坦因·莫斯。"

忠诚并不是从一而终，也不是媚俗，而是一种职业的责任感，是承担某一责任或从事某一职业所表现出来的敬业精神。

09 人生最宝贵的财富，
   当是名声

好的名声是用金钱买不到的，它需要用心去经营才能获得。

有一对老夫妻，他们孤苦伶仃，生活困窘。迫于生计，他们利用家靠路边的便利，腾出半间屋子开了一个杂货店。由于店小货少很不起眼，生意也就冷冷清清。老夫妻并不后悔，因为开店只是为了贴补家用。相反，他们目睹了南来北往的行人因焦渴而干裂的嘴唇，便在店前竖了一块"免费供应茶水"的牌子，无论白天黑夜随叫随到，从不间断，没有子女的他们把过往行人当成了自己的孩子。老夫妻的名声沿着公路传扬开来，人们总爱在这里停一下，歇歇脚，顺带买些东西。小店的生意渐渐好了起来，几年后，竟成了拥有数十万资产的百货商店。

很多同行对此难以理解，其实道理很简单：不是几分钱一杯的免费开水，而是老夫妻朴实善良的名声赢得了顾客。

老夫妻经营的并非是一件单纯的杂货店，而是一件充满爱心的小屋，它能够给人们带来内心上的感动与感激。要知道，用爱心经营的小店永远都不会没有生意可做的。

有时候好的名声就是财富，它是金钱买不到的。遗憾的是，在现实生活中，我们常常忽略了拥有好名声，而去追逐金钱。睁开我们的慧眼，珍惜我们所拥有的最宝贵的财富——名声吧！

1982年，美国印第安纳州阿历山德亚市的比尔先生喜得贵子，几天后却又愁眉不展。原来比尔和妻子葛莉亚都是教师，他们住的是租来的一间小阁楼，在没有孩子之前尚能勉强凑合，现在有了孩子再也不能凑合了。比尔决定自己盖房子，可哪来的地呢？再说买地也需一大笔钱啊！

经过寻访，比尔看中了城南的一块放牧地。地是属于92岁的退休银行家尤先生的，他在那里还有许多土地，但从不出售。每次有人想向他买地时，他总是回答说，我答应那些农夫让他们来这里放牛。比尔知道要买这块地很难，但还是决定碰碰运气。比尔来到尤先生的办公室，一切如想象中的一样，尤先生非常固执。但尤先生听到比尔姓盖瑟后，却睁大了双眼，突然问了一句："你跟格罗弗·盖瑟可有联系？"比尔说："他是我的祖父。"

尤先生让比尔第二天再去他的办公室。第二天，事情出现了戏剧性的变化：尤先生不但态度非常和善，而且还把城南6公顷土地全卖给了比尔，却只收7500美元，这个价格仅仅是市价的三分之一。这样做的原因只有一个，比尔的祖父老盖瑟，在当地是一个人所共知的乐于助人、待人和善、正直不阿的农夫。

用心经营我们的名声，多去帮助那些需要帮助的人，我们的名声会更好。

10 人生，
当一步一步走

脚踏实地地走路，所走的每一步路都能见证我们成功的足迹。

一天兔子正在窝里睡觉，一只正在觅食的狮子无意间发现了它。于是，狮子静悄悄地向兔子逼近，而兔子睡得正香根本没有察觉。

眼看兔子就要命丧狮口时，突然从树丛中跳出一头小鹿，看到小鹿的狮子便盘算起来：等抓住了小鹿再回来，兔子也未必会睡醒，何况鹿肉比兔子肉要鲜美得多、只要抓住它就能填饱肚子了。于是狮子便丢下兔子去抓小鹿。兔子被这些响动惊醒了，看见狮子赶紧逃跑了。而狮子呢？追了好半天也没有追上小鹿，结果小鹿在它眼皮底下跑掉了。

累了半天的狮子肚子更饿了，这时又想起了熟睡中的兔子，便回去找兔子，结果兔子早已逃得无影无踪了。

贪婪的狮子今天必定要挨饿了。狮子深深地后悔自己不应该为了多得到一些食物，却将已经到手的食物都错过了。

寓言中的狮子之所以一只猎物都没能打到，在于它将猎物的标准定位太高，妄想着一步到位、直接吃饱，结果弄得个"竹篮打水——一场空"。世界总是"乱花渐欲迷人眼"，想一步登天的人，往往总是哀叹没有那么大的步子，从而"限制"了自己能力的发挥。其实，步子小一点，一步步稳扎稳打走上去，到达了顶峰不说，还能听从路人宝贵的经验，欣赏途中动人的美景呢！

几年前，佳佳在一家公司打工，老板是位广东人，对下属非常严厉，从不给一个笑脸，但他是个说一不二的人，该给你多少工资、奖金，不会少你一个子儿，佳佳他们都拼命工作。

公司有个规定，不准相互打听谁得多少奖金，否则"请你走好"。虽然很不习惯，开始工人们还是一直遵守着，努力克制着从小就养成的好奇心和窥私癖。有一个月，大家都发现自己的奖金少了一大截，开始不敢说，但情绪总会流露出来，渐渐地大家都心照不宣了。那天中午，吃工作餐时，大家见老板不在公司，就有人摔盆碰碗地发脾气，很快得到众人响应，一时怨声盈室。

有一位来公司不久的下岗妇女一直安安静静地吃饭，与热热闹闹的抱怨太不相称，引起了大家的注意。

工人们问她，难道你没有发现你的奖金被老板无端扣掉一截？她有些吃惊地回答："没有啊！"工人们比她更吃惊了，整个饭厅一下子安静下来，每个人都一脸疑惑，每个人都在心里揣摩，人人都被扣了，为何她得以逃脱？莫非她与老板有那种瓜葛？她这把年纪，至少有三十几了吧，且瘦得一把骨头一张皮的，哪个男人会对这种肉干一样的女人感兴趣？那么，是什么原因使她独享优惠政策？后来才知道她是被扣得最多的一个。不久她被提升了，人们又嫉妒又羡慕，她的工资高出一大截来，还有奖金。

很久以后，她向工人们描述当时自己的心情：她的确没有装，她是这样想的，这个月我一定做得不好，所以只配拿这份较少的奖金，下个月一定努力。为何别的人没有这样的想法呢？她是这样分析的，那时她工作了近20年的工厂亏损得很厉害，常常发不出工资，开工不足，工人们都在等待（那时还没有下岗的说法），她等不下去了，因为家庭负担太重，上有生病的老人，下有读书的孩子，还有因车祸落下残疾的丈夫，于是她就出来打工了，收入比起她以前的工资要高出百十元钱，这让她喜出望外，非常珍惜这份工作，甚至有一种感激的心情。

后来，佳佳离开了那家公司，跳了几次槽，至今都没有跳到一个满意的地方。去年10月，在一次商务茶会上又碰到她。她认出了佳佳，而佳佳已认不出她来，不仅是因为她胖了些白了些，那身合体的高级职业装和与脸型非常相称的发型，精致的妆容，把她烘托得典雅且老道，那神态有一种阅尽人世变迁的沉稳与平易，让人一见就会产生与她打交道做生意是可靠的、有保障的感觉。

此时，她已做到了经理助理的位置，公司的二老板，是标准的白领丽人，谁能想到4年前，她不过是个战战兢兢的下岗女工，且人到中年。看她很熟练且极有分寸地与人周旋，佳佳内心的感慨是无法用语言来描述的。

人生活在社会上，总能寻找到一个属于自己的位置。你现在站得低并不代表没有乘着热气球跨越式升高的可能。地位低不是尊严低，只要肯以虚心的姿态，实践着自己的梦想，珍惜着到来的机会，那么生活也会以满腔热诚回报你以美好。

11 人的一生，
要以学习为伴

只有不断地学习才能弥补自身的不足，才能使我们丰富和深刻起来。

有一只小猫渐渐长大了，它要离开猫妈妈独立生活了。但是从它生下来就一直在吃猫妈妈的奶水活命，如果离开了猫妈妈它都不知道可以吃些什么东西活命，便问猫妈妈："妈妈，你能告诉我，我都能吃哪些东西吗？"猫妈妈只对它说了一句："这个你不用犯愁，到时候自然会有人教给你的。"

小猫离开了妈妈，来到了一户人家。这家人无意间发现了小猫，就对其家人说："咱家的鸡笼的门儿关好了吗？盛咸鱼、咸肉的篮子一定要挂得高点儿，还有奶酪和香肠都要盖好，别让猫给叼了去，这些猫就是不去抓老鼠专爱偷东西吃，得多提防点儿才行！"这只小猫听到了以后，便明白了猫妈妈的意思了，暗自说道："果然有人会告诉我，原来我能吃的食物这么丰富。如果实在没的吃了我还可以去抓老鼠吃，这下可饿不到我了！"

猫妈妈之所以没有直接告诉小猫的食物来源，很明显就是想让它通过自己的学习与观察，来增强自己的生存本领，以便让它自己在将来的生活中，更能学到一些真本领。

猫妈妈的用心是良苦的，我们从中也应该学到一些道理——在生活中，我们要时常激发求新的欲念，唤起求知进取的精神，这才是面对时代潮流应有的态度。

当年，杨澜从一个学生成为《正大综艺》的节目主持人，把一个有着良好家教和较高文化素养的青春少女的形象和富有女性细腻情感的职业妇女的形象统一在一起，为我们创造了一种既高雅又本色，既轻松又令人回味的主持风格。

在完成了《正大综艺》20期制作之后，杨澜跨越太平洋去了美国，攻读哥伦比亚大学国际传媒硕士学位。

当时很多人都不理解，因为杨澜已经取得了成功，已经成为著名节目主持人，她完全可以在她的地位上享受她已经获得的荣誉。但是，杨澜体会到功底和学识的重要性，希望在功底和学识上进一步提升自己。所以杨澜离开了众人羡慕的主持人位置，去美国读书，又成了一名学生。

当杨澜再一次出现在媒体上时，她的形象发生了很大变化。她的境界提升了，她在自己的人生道路上又上了一个台阶。

生存的境界没有止境，学习也是没有止境的。因为这个社会的发展永不停息，我们的学习也不该停息。

12 规矩，
是不可或缺的人生指示牌

"不以规矩，不能成方圆。"这个规矩，实质就是做事的"规范"，就是规章制度。

有一位海归人士曾经是一个漫不经心的人，对生活的态度是"不必太认真"，凡事过得去就行，无论对人还是对己。她一直把它看成优点，认为可以免生许多闲气。但那短短几分钟的经历，就改变了她的这个看法。

那是1993年的除夕之夜，她在德国的明斯特市参加留学生的春节晚会。晚会结束时，整个城市已经睡熟了，在这种时候，谁不想早点儿到家呢？她和先生走得飞快，只差跑起来了。

刚走到路口，红绿灯就变了。迎向他们的行人灯变成了"止步"：灯里那个小小的人影从绿色的、甩手迈步的形象变成了红色的、双臂悬垂的立正形象。

如果在别的时候，他们肯定停下来等绿灯。可这会儿是深夜了，马路上没有一辆车，即使有车驶来，500米外就能看见。他们没有犹豫，走向马路……

"站住。"身后，飘过来一个苍老的声音，打破了沉寂的黑暗。她的心悚然一惊，原来是一对老夫妻。

他们转过身，歉意地望着那对老人。

老先生说："现在是红灯，不能走，要等绿灯亮了才能走。"

她的脸忽地烧了起来，喃喃道："对不起，我们看现在没车……"

老先生说："交通规则就是原则，不是看有没有车。在任何情况下，都必须遵守原则。"

从那一刻起，她再没有闯过红灯，也一直记着老先生的话："在任何情况下，都必须遵守原则。"

很多时候，人们的生命往往就差这么一点"规矩"而黯然消逝了，何必呢？何苦呢？争什么呢？抢什么呢！

既然立了规矩，就必须严格执行，也就是要"有法必依，执法必严，违法必究"。如果立了规矩，又不去认真执行，那么这些"规矩"就只能是"一纸空文"，就没有什么信用可言了，而这样是根本不可能做成什么大事的。我国古代大军事家孙武说话算数，执法如山，树立了军法的信用，这是他重要的治军之道。

孙武在吴国为将时，就主张以法治军，曾率兵攻破楚国，使吴国强大起来。他所著《孙子兵法》一书，总结了古代的作战经验，是世界上最早的军事著作之一。

春秋末期，出生于齐国贵族的孙武流亡到了南方的吴国。吴王阖闾为了争夺霸主地位，迫切需要拜请一位能够领兵作战的将军。正在这时，他得到了孙武写的《兵法》十三篇，读完之后十分着迷。于是，派人把孙武请进王宫。

吴王阖闾见了孙武后，很客气地说："您的《兵法》我已经拜读过了，其中的见解很精辟，只是不知道您能不能实际演示演示呢？"

孙武非常爽快地回答说："当然可以！不论男的女的，经过我列阵演练，都可以成为勇武善战的好兵！"

"连那些从未见过战阵的娇弱女子，您也能把她们训练成为好兵吗？"吴王似信非信地问。

孙武斩钉截铁地回答："能！"

这一天，吴王把一百八十名宫女交给孙武训练。他想考察一下孙武的实际指挥能力，就坐在演练场旁边的高台上观看。

孙武开始演练，先把她们分成左右两队，分别指定吴王的两个宠姬担任队长，让每个宫女手持一支戟。

接着，孙武问她们："是否知道自己的心、背和左右手的位置？"众宫女回答："知道！"

她们也好奇地想看看孙武究竟要她们怎么操练。

只听孙武严肃地说："现在，由我播鼓发令。令向前，就朝着心所对的方向进击；令向左，就沿着左手的方向进击；令向右，就沿着右手的方向进击；令向后，就朝着背的方向后退。你们能做到吗？"

众宫女说："能！"

"如果有人不听从军令，就依法斩首！"孙武又强调了一遍。

众宫女平时只会唱歌跳舞，哪里知晓军法的厉害。尤其是那两个队长，仗着吴王平时的宠爱，根本就没把孙武放在眼里。因此，当孙武发出军令后，鼓声咚咚，令旗挥舞，众宫女不但没有依令进退，反而嘻嘻哈哈闹个不休，把队形都搞乱了。

见此情景，孙武没有动怒。他说："大家第一次参加操练，有不明白的地方，是我没有讲清楚。"他把军令和操练要求又反复地向宫女们作了讲解，再次强调，"如果有人不听军令，是一定要斩首的！"

孙武把宫女们的队形重新整理好以后，再次下令击鼓向左进击。

宫女们依然嘻嘻哈哈，两个队长照旧笑得前仰后合。队形又一次被搞乱了。

这时，孙武威严地宣布："我已经讲明军令和操练要求，可是队长却带头不听军令，依法应当斩首！"

于是，他下令把担任队长的两个吴王的宠姬绑了起来。

坐在高台上观看演练的吴王阖闾闻听此言，大吃一惊，连忙派人传旨要求赦免二姬。孙武断然回答："现在我是主将，将在外，君命有所不受。"在他的坚持下，两个宠姬最终被斩首示众。

众宫女见孙武说话算数、执法如山，操练时再也不敢怠慢了。一会儿鼓声又起，令旗挥舞。众宫女奇迹般地排列成了一支步调整齐的队伍：前后左右，卧倒起立，就是在泥泞的草地上，也是按照军令进退起止，完全符合要求，一点差错也没有。

通过这次演练，孙武显示了他的治军才能。吴王阖闾尽管心疼他的两个宠姬，但更庆幸发现了一位很有气魄和胆识的将才。于是，他正式任命孙武为大将军。

生活中不是没有原则，而是人们不习惯遵循原则。贪图方便的人，总以为蔑视了原则，自己就获得了优先他人的便利。结果呢？他给别人制造了麻烦，也给自己带来了麻烦。其实，生活中的不便，相当大一部分是人们互相制造的。

13 用正确的方法
做正确的事

好钢用在刀刃上，正是"做正确的事"比"正确做事"更关键。

北风和太阳相遇了，为了比较一下谁更有本事，决定进行一场比赛：看谁能把行人身上的衣服剥去，那么谁的本事就比对方大。获胜方就可以随时在落败方巡视大地的时候出现；而落败方只能偶尔可以出现。

北风不由分说，就大显本领，它对着行人猛烈地吹气，行人却把衣服裹得紧紧地。北风不泄气，吹得更加猛烈了。以致树叶、灰尘满天飞，于是行人纷纷转过身把衣服裹得更紧了，连头都用衣服蒙上了。见此情况北风终于停止了行动，静静地看着太阳进行表演。

太阳用温暖的阳光照耀着大地，行人便脱去了在北风发威时蒙在头上的衣服。太阳接着一点点地把热度升高，行人慢慢地脱去了一件件的衣服。最后热得实在受不了了，脱光衣服跳到河里乘凉去了。

北风落败了，所以太阳在北风凛冽时也会出现，而在太阳温暖地普照大地时，北风便遵守诺言很少出现了。

运用正确的方法才能将难做的事情变简单，寓言中的北风和太阳就是一个很好的例子：北风做事不得法，虽然费了力气却达不到想要的效果；太阳则运用了正确的方法，轻松达到了胜利的条件。

古代的宋国有一家人善于配制防冻药膏而且十分灵验。但他家却世代靠染布为生，生活得非常艰辛。

一年冬天，突然有个人愿意花高价买他家防冻药膏的药方。这家人世代劳作也没挣下几个钱，而那个人一下可以给他们几百两金子，而买的只是个药方，觉得很是划算，便爽快地答应了。

当时正是隆冬时节，天气非常寒冷，而且吴国和越国正在打仗，那个买药方的人便把药方献给了吴王，吴王把这种药膏分发给士兵，士兵没有一个被冻伤的。在战争中充分发挥了吴军的实力，把越军打败了。

由于献药方的人立了大功，吴王便划了一块封地让他管理。相同的一个药方，有人靠它得到了丰厚的赏赐，而有人却只能靠它来维持生计，这就是用法不同而价值也不同的缘故。

有时候，我们不要急于将事情完成，因为有时候很可能你的忙活会变成一场空，倒不如稳住心态，积极运用智慧，将事情分析清楚之后稳妥地做好更加有意义。

14 随机应变，
是一种人生智慧

　　生活中尽善尽美的事情很少，它们大多有着这样那样的缺陷，如何将缺陷转化为优势，这就是一种智慧。

　　一次蝙蝠不小心被黄鼠狼逮住了，蝙蝠恳求不要吃它，黄鼠狼说它自己是鸟类的克星，一切鸟类到它的手里绝对没有活路。蝙蝠让它好好看看自己的头，对黄鼠狼说："别看我会飞，可是我却是鼠，你看我的头就很容易知道了。"黄鼠狼一看果然差不多，便把蝙蝠给放了。

　　后来另一只黄鼠狼又把这只蝙蝠逮到了，蝙蝠再次恳求，但是这只黄鼠狼声称它是鼠类的克星，一切鼠类它都会吃掉绝不留活口。蝙蝠挥了挥它的翅膀说："谁说我是鼠，你见过哪一只鼠会飞呀，只有鸟才会飞，我分明是一只鸟。"黄鼠狼一听有道理也放了蝙蝠。

　　聪明的蝙蝠连续救了自己两次。

　　寓言中的蝙蝠自身的长相具有双重性：说它是鼠也行，是鸟也行。蝙蝠就是利用这种多变的方式使自己幸免于难。

　　面对缺陷，我们不可一味气馁，将它与某个优势或独特之处联系起来，它在我们面前的形象就会随之改变。多动动脑筋，你的缺陷其实也是一笔财富。

詹姆士·杨原是新墨西哥州高原上经营果园的果农。每年他都把成箱的苹果以邮递的方式零售给顾客。

一年夏天，新墨西哥州高原下了一场罕见的大冰雹，眼见着一个个色彩鲜艳的大苹果变得疤痕累累，詹姆士心痛极了。"是冒退货的危险呢，还是干脆退还定金？"他越想越懊恼，就歇斯底里地抓起受伤的苹果拼命地咬起来。忽然，他的动作停顿了，他发觉这苹果比以往的更甜、更脆，汁多、味更美，但外表的确难看。

第二天，他开始实施自己的想法。他把苹果装好箱，并在每一个箱子里附上一张纸条，上面这样写着："这次奉上的苹果，表皮上虽然有点伤，但请不要介意，那是冰雹造成的伤痕，是真正的高原上生产的证据。在高原，气温往往骤降，因此苹果的肉质较平时结实，而且还产生了一种风味独特的果糖。"

在好奇心的驱使下，顾客都迫不及待地拿起苹果，想尝尝味道。"嗯，好极了！高原苹果的味道原来是这样的！"顾客们交口称赞。

这一奇妙的创意不仅挽救了几入绝境的詹姆士，而且还为他赢得了大量专为此种苹果而来的订单。

生活中又何尝不是呢？面对棘手的问题，只要善于开动脑筋，变换思路考虑问题，没有办不成的事儿。

很多时候，勇气也是一种让人震撼的力量。

一战中，有一位突击队长在执行任务过程中火线受伤，敌人的枪弹把他躺着的地方封锁得密不透风，似乎在说，看看有谁敢来救他。

连长征求两名志愿者去救他，结果全连都跨步向前。连长选择了两名军龄最长者。这两个人果然不负众望，一寸一寸地匍匐着爬到伤者身边把他拖救了出来。一支精锐的部队，队员大多数都把生死置之度外去接受特别艰险的任务，他们认为那是一种荣誉。

对，将困难看成一种挑战、一种荣誉，好好地将之处理好，才能真正体现出我们的价值，这也是在故事中老兵身上我们所发掘的人生智慧——面对困难需要勇气。

那是在1977年，当时罗杰斯走在佐治亚州某个森林里的小路上，看见前面的路当中有个小水坑。他只好略微改变一下方向从侧翼绕过去，就在接近水坑时，他遭到突然袭击！这次袭击是多么出乎意料！而且攻击者也是那么出人意外。尽管他受到四五次的攻击还没有受伤，但他还是大为震惊。他往后退回一步，攻击者随即停止了进攻。那是一只蝴蝶，它正凭借优美的翅膀在他面前作空中盘旋。

罗杰斯要是受了伤的话，他就不会发现个中情趣；但他没有受伤，所以反倒觉得好玩，于是他笑了起来。他遭到的攻击毕竟是来自一只蝴蝶。

罗杰斯收住笑，又向前跨了一步。攻击者又开始向他俯冲过来。它用头和身体撞击他的胸脯，用尽全部力量一遍又一遍地击打他。

罗杰斯再一次退后一步，他的攻击者因此也再一次延缓了攻击。当他试图再次前进的时候，他的攻击者又一次投入战斗。他一次又一次地被它撞击在胸脯上，他感到莫名其妙，不知道该怎么办才好，只好第三次退后。不管怎么说，一个人不会每天碰上蝴蝶的袭击，但这一次，他退后了好几步，以便仔细观察一下敌情。他的攻击者也相应后撤，栖息在地上。就在这时他才弄明白它刚才为什么要袭击他。

它有个伴侣，就在水坑边上它着陆的地方，好像已经不行了。它呆在伴侣的身边，把翅膀一张一合，好像在给伴侣扇风。罗杰斯对蝴蝶在关心它的伴侣时所表达出的爱和勇气深表敬意。尽管伴侣快要死去了，而"敌人"又是那么庞大，但为了伴侣它依然责无旁贷地向他发起进攻。它这样做，是怕他走过时不经意地踩到伴侣，它在争取给予伴侣尽可能多一点生命的珍贵时光。

现在罗杰斯总算了解了它战斗的原因和目标。留给他的只有一种选择，他小心翼翼地绕过水坑到小路的另一边，顾不得那里只有几寸宽的路埂，而且非常泥泞。它为了它的伴侣在向大于自己几千倍的敌人进攻时所表现出的大无畏气概值得罗杰斯这么做。它最终赢得了和伴侣厮守在一起的最后时光,静静地,不受打扰。罗杰斯为了让它们安宁地享受在一起的最后时刻,直到回到车上才清理皮靴上的泥巴。

从那以后,每当面临巨大的压力时,罗杰斯总是想起那只蝴蝶的勇气。他经常用那只蝴蝶的勇猛气概激励自己、提醒自己:美好的东西值得你去抗争。

当生活中许多美好的东西面临危险时,我们应该勇敢地站出来,为捍卫美好而抗争。失去了奋争的勇气,理想往往只能成为理想而无法实现。

15 毫不犹豫,
才能成就大事

在简单的事情上,人们往往会做出愚蠢而延误时机的错误抉择。

某动物园里有两只袋鼠。管理员筑了1米多高的栅栏,以防袋鼠跳出去逃走。第二天,管理员发现两只袋鼠在围场外吃着青草。园方认为栅栏太低,于是又加高了0.5米,心想这回该没问题了。但是同样的事情隔天又发生了,袋鼠又跑到了栅栏的外面。所以,园方又把栅栏增高到2米,但让管理员吃惊的是,第二天,袋鼠仍然跑到了外面。这时,长颈鹿忍不住问袋鼠:"你是怎么跳出2米高的栅栏的？你到底能跳多高？"

袋鼠笑着回答："我不是跳出来的，而是他们根本就没关门。"

不要把复杂的问题简单化，但也不要把简单的问题看得过于复杂。如果只要关上门就能解决的问题，那就不要去动栅栏。

我们经常在还没有完全搞清楚问题的关键到底在哪里，就急忙地做出错误的判断和决定。有些人甚至还不知道，自己为问题所开的"处方"有问题，却还一味地在错误的处方上面追根究底。这样做的结果，只能是耗费了自己大量的精力，到头来却一无所获。

事物都是有正反两面的，因此要把好的一面想一想，然后再把坏的一面想一想。如果只想好的或者只想坏的，那叫作考虑不周；如果正反都想了，这时就可以决定做还是不做了，没有必要再想多的，那样就陷入辩证的无限循环，思维陷阱，反而误事。

滑铁卢大战是世界战争史上令人瞩目的一页，也是拿破仑戎马生涯中的最后一战。然而，这一战却以拿破仑的失败而告终。1815年春，被放逐的拿破仑回到巴黎，东山再起，很快控制了整个法国的政权。得到这一消息后，欧洲各国君主如临大敌，立即组织了第七次反法同盟。

拿破仑也组织部队抵抗，根据制定的正确的战略部署，是要在俄奥大军到达之前解决战斗，以迅雷不及掩耳之势先将英普联军各个歼灭。可是这一次战争局势并没有朝着"战神"部署的方向发展。

3月15日凌晨3时，拿破仑命令内伊指挥第一、第二两个军和一个骑兵师构成左翼，迅速挺进，攻击并占领卡特尔布拉斯，威胁普军右翼，阻止威灵顿军团对布吕歇尔的增援。同时，命令骑兵军长格鲁希指挥第三、第四军和两个骑兵师构成右翼，从正面攻击普军。于是，一场大战开始了。

内伊的左翼法军进展神速，很快占领了哥西里斯，而格鲁希的右翼却进展缓慢，这使左翼法军显得有些孤立。

内伊害怕孤军深入会遭到优势敌人的围歼，于是犹豫起来，不敢全力冒进，仅以一个骑兵师的兵力向卡特尔布拉斯进攻。该师进到卡特尔布拉斯以南地区，遭到了阻击，进攻受挫，不得不退回到弗拉斯尼斯附近，以待内伊的命令。

这时，内伊见自己的部队已突进到敌人两个军团之间，而且士兵经过一天的行军和战斗已疲劳不堪，于是作出决定：暂停进攻，就地宿营。受命占领布鲁塞尔重要阵地以牵制英军的内伊元帅迟缓犹豫，使这一行动未能如期完成。

后来在双方激烈争夺时，拿破仑又命令内伊属下戴尔隆军团由弗拉斯内向普军侧后方开进，和主力部队一起对普军实行夹击，但戴尔隆对命令理解不清，错误地向法军后方的弗勒台开来，使这决定性的一击延误了近两个小时。而当戴尔隆重新赶回普军后方时，又被不明战局的内伊元帅严令调开，这时英军已在戴尔隆的大炮射程之内，戴尔隆机械地执行了内伊的命令，使法军在临胜之际功亏一篑，英军逃脱了被全歼的命运。

就这样由于下属将领贻误战机和对命令的错误理解，以及天气等原因，他的计划未能全部实现。英军在大举后撤后仍坚守在比利时境内的滑铁卢村南的圣让山高地，决心同拿破仑决一死战。

6月18日中午，随着三声炮响，滑铁卢之战的帷幕骤然拉开，排山倒海的法国骑兵呼啸而上，但防守的英军顽强抵抗，以猛烈的火力压住了法国骑兵的锐势。战斗进入了胶着状态，整个下午的激战没有片刻停歇，处于浴血苦战之中的双方都失去了完全控制局势的力量。

黄昏到了，拿破仑亲自率领自己的近卫军又向英军阵地冲去，但是就在这个时刻，英国的援军到了，而拿破仑一直相信在英援军到来之前会前来救援的格鲁希元帅的部队却始终未到。形势急转直下，英军趁势变守为攻，对法国军队发起了总攻。

列成方阵的法国近卫军一面拼死抵抗，一面缓慢后撤，拿破仑也只好下车骑马而走。他脸色惨白，在暗淡的晨光中跑过了一个个尸横遍野、怪影憧憧的战场。他试图收拾残军，可力不从心，战场上躺着2.5万名死去的和受伤的法国人，法国几乎损失了全部的炮队，而几十万奥国生力军正逼近法国边境，还有几十万俄国军队也将到来——所有这一切都使拿破仑陷入完全绝望的境地。他不得不宣布退位，从此开始通向死亡的流亡生活。

战场上是这样，其他场合也是如此，所以我们做事，当然不能莽撞，但也不要想得太多。正面想一下，反面也想一想，然后两下一平衡，如果正面的影响更大些，那就去做，不要畏首畏尾；反面影响大，那就放弃，不要贪吃鸡肋。

16 好的心态与坚强的信念
二者不可缺一

在人遭遇危险境遇的时候，心理的暗示作用非常重要。常言道：置之死地而后生，就是这个道理。

艾迪太太认为生命中只有疾病、愁苦和不幸。她的第一任丈夫，在他们婚后不久就去世了，她的第二任丈夫又抛弃了她，和一个已婚妇人私奔，后来死在一个贫民收容所里。她只有一个儿子，却由于贫病交加，不得不在4岁那年就把他送走了。她不知道儿子的下落，整整31年都没有再见到他。

她生命中戏剧化的转折点，发生在马萨诸塞州的林恩市。一个很冷的日子，她在城里走着的时候，突然滑倒了，摔倒在结冰的路面上，而且昏了过去。她的脊椎受到了伤害，使她不停地痉挛，甚至医生也认为她活不多久了。

医生还说即使是奇迹出现而使她活命的话，她也绝对无法再行走了。

躺在一张看来像是送终的床上，艾迪太太打开她的《圣经》。她读到马太福音里的句子："有人用担架抬着一个瘫子到耶稣跟前来，耶稣就对瘫子说：'孩子，放心吧，你的罪赦了。起来，拿你的褥子回家去吧。'那人就站起来，回家去了。"

她后来说，耶稣的这几句话使她产生了一种力量，一种信仰，一种能够医治她的力量。使她"立刻下了床，开始行走"。

"这种经验，"艾迪太太说，"就像引发牛顿灵感的那枚苹果一样，使我发现自己怎样地好了起来，以及怎样地也能使别人做到这一点。我可以很有信心地说：一切的原因就在你的思想，而一切的影响力都是心理现象。"

这个故事好像夸大了信念的力量，但是信念确实在生活中处处发挥着巨大的作用，最重要的是它能拯救人们的心灵。

悲观者在机会里找问题，即便提供再多的支持、创造再好的条件，他们眼里还是困难重重；乐观者在问题里找机会，即便没有什么支持和良好的条件，他们也能够努力做到最好的结果。

俾斯麦是19世纪德意志帝国的铁血宰相。一次，俾斯麦和朋友一起去打猎，他的朋友不小心陷入流沙中，听到求救的声音，俾斯麦赶紧跑去，可是他不仅不救他，反而还说："虽然我很想救你，可是那样我也会被拖入流沙中，所以不能救你，但又不忍心看你这样挣扎，最好的方法是让你死得痛快些。"俾斯麦说完便举起猎枪。而他的朋友因为不想遭到枪杀，就拼命挣扎，结果终于爬出流沙。其实，这正是俾斯麦的初衷。"积极心态"是那么有效，以至于许多人都在努力去做到这一点。其实它和刷牙、洗脸一样，都是一种生活习惯。一旦养成了积极思考的习惯，你就能更快乐地享受生活。

17 敢于创新，
才能获得未来

随着时间的推移，人的观念都会发生变化。所以，如果我们还用老方法来处理新问题，那是行不通的。

从前，有一个卖伞的人，每一天，他都很努力地卖着伞。

有一天，他叫卖得十分疲累，刚好路边有一棵树，他就把伞放下，打开了其中的一把伞举在头顶，坐在树下打起盹来。等他醒来的时候，发现身旁的伞都不见了，抬头一看，树上有很多猴子，而每只猴子的手上，都举着一把伞。他十分惊慌，因为如果伞不见了，他将无法养家糊口。

突然，他想到，猴子喜欢模仿人的动作，他就试着举起手，果然猴子也跟着他举手；他拍拍手，猴子也跟着拍手。

他想，机会来了，于是他赶紧把头上的伞拿下来，丢在地上；猴子也学着他，将伞纷纷都扔在地上。

卖伞的人高高兴兴地捡起伞，回家去了。回家之后，他将这件奇特的事，告诉他的儿子和孙子。

很多很多年后，他的孙子继承了家业。

有一天，在他的卖伞的途中，也跟爷爷一样，在大树下睡着，而伞也同样被猴子拿走了。孙子想到爷爷曾经告诉他的方法。于是，他举起左手，猴子也跟着举左手；他拍拍手，猴子也跟着拍拍手。果然，爷爷所说的话真的很管用。

最后，他把伞丢在地上；可是，奇怪了，猴子竟然没有跟着他去做，还是直瞪着他，看个不停。

不久之后，猴王出现了，把孙子丢在地上的伞，捡了起来；还很用力地对着孙子的后脑勺打了一巴掌，说："开什么玩笑！你以为只有你有爷爷吗？"

寓言中，猴子们在爷爷的教导下，已经发觉了人类对他们的欺骗，积极地总结了经验教训。而人类却还是没有发展自我，试图用旧的方法继续戏弄猴子，结果自然是贻笑大方了。

用旧的眼光去看待发展中的事物，必会看走眼；用旧的方法去处理发展中的问题，必会失败。

事实上，在这个开拓进取的时代，创新对于每一个人来说都有积极地意义。

美国第三十二任总统，著名的资产阶级政治家罗斯福就是一个极具创新能力的人。1929年至1933年，资本主义世界爆发了一场迄今为止最严重、最持久的经济大危机，其中以美国所受的危害最大。当时的美国总统胡佛面对日益严重的经济危机，只知道墨守成规。他还是一味推崇亚当·斯密提出的一百多年来对资本主义经济发展起过巨大推动作用的"看不见的手"的理论，奉行自由放任的经济政策。1932年在竞选中，胡佛除了毫无根据地发表盲目乐观的演说之外，拿不出任何新的政策来摆脱经济危机。而罗斯福则针对美国当前的经济危机，深刻地分析其原因，大胆提出"为美国人民实行新政"，要用政府力量调节和改革经济。后来，他采纳凯恩斯"彻底放弃自由放任"的经济政策，实行国家干预经济政策。罗斯福总统为美国人民实行的新政，是一种超凡大胆的创新之举，"新政"使美国逐渐摆脱了经济危机，获得了新的经济增长，也标志着资本主义世界自由放任经济时代的结束，国家调节干预经济政策的开始。罗斯福的新政，也是他之所以能够成为二百多年来最具影响力的总统的原因之一。

不断进取的创新开拓能力，是一个人必须具备的能力之一。时代在前进，处在这种时代潮流中的每一个人，如果没有旺盛的进取心，最终会被时代所抛弃；没有开拓创新的能力，就只能因循守旧，墨守成规，工作自然就没有起色。有了不断进取的创新能力，永不衰竭的进取心，任何艰难困苦，任何落后保守势力都不能阻挡我们前进的步伐。

18 成大事者，
必是意志坚定者

斗争在许多时候就是意志的较量，意志坚定者便是最后的赢家。

一头驴子和一头野牛很要好。它们经常在一起玩耍、吃草。一天，它们发现一个农夫的果园里有绿油油的青草，还有成熟的果子。于是它们偷偷地进入果园，在里面悠闲地吃着青草和树上的果子。园丁一点也没有察觉。驴子吃饱后，很想引吭高歌一曲，野牛就对驴子说："亲爱的朋友，看在上帝的分上，你就忍耐一下，等我们出了果园，你再唱歌吧！"

驴子说："我现在真的很想唱歌，作为朋友，你应当支持我才行！""可是，可是，要是你一唱歌，园丁就会发觉，我们就跑不掉了！"

驴子觉得野牛根本不能理解自己现在的心情，它说："天下再也没有什么比音乐和歌曲更优雅、更能感动人的了。可惜你对音乐一窍不通，我怎么找了你做朋友呀？"驴子终于还是没有接受野牛的建议，开始高歌起来，它一唱歌，园丁马上发现了驴子和野牛，就把它们全给逮住了。

驴子的冲动，既害了朋友，又害了自己。驴子想唱首歌表达自己兴奋的心情，这也是可以理解的。但是，为了一时的宣泄而不顾情境是否危急，一时兴起就放纵自己，以致酿成了悲剧。

大多数成功者，都是对情绪能够收放自如的人。这时，情绪已经不仅仅是一种感情的表达，更是一种重要的生存智慧。如果控制不住自己的情绪，随心所欲，就可能带来毁灭性的灾难。情绪控制得好，则可以帮你化险为夷。

参加过大西南剿匪的父亲给儿子讲他亲历的故事。

父亲端着步枪刚从一座巨岩后拐出来，就迎面撞上了一个也端着步枪的土匪。两个人相距只有五六步，同时将枪口指住了对方的胸膛，然后就一动不动了。

如此近的距离，不管谁先开枪，打死对方的同时，自己肯定也得被对方打死，一旦动起手来就是同归于尽。

要想都保全性命，就必须得有一方投降。

双方对峙着，枪口对着枪口，目光对着目光，意志对着意志。

其实总共只对峙了十几秒钟，可父亲感到是那么的漫长。那是他一生中唯一的一次对时光的流逝产生刻骨铭心的印象。父亲不知道他已经咬破了自己的下嘴唇，两条血溪濡湿了下巴。他的大脑中一片空白，只有一个念头支撑着他：

必须有一方投降，但投降的绝不能是我！

父亲眼睁睁看着那个土匪的精神垮掉——先是脸煞白，面部痉挛，接着是大汗淋漓，最后是双手的握肌失能——枪掉到了地上。

土匪"扑通"跪了下去，连喊饶命。

父亲努力控制着自己，才没有晕厥过去。他和土匪都清楚：双方的命，保住了！

押着土匪，见到自己人时，父亲再也坚持不住，一屁股坐到地上。

同志们以为他负伤了，赶忙跑过来，父亲虚脱般地说："没事！我只是累坏了。"

父亲的这个故事永远印刻在了儿子的脑海里。这十几年来，不论遭遇多么大的坎坷与挫折，他总用故事中父亲的那句话鼓励自己：必须有一方投降，但投降的绝不能是我！

结果，他都在最后取得了胜利。

每个人都有冲动的时候，尽管它是一种很难控制的情绪。但不管怎样，你一定要牢牢控制住它。否则一点细小的疏忽，就可能贻害无穷。

19 细节
决定成败

成功源于发现细节，没有细节就没有机遇，留心细节，意味着创造机遇。

1685年，里奇蒙德·亨利伯爵带领军队来攻打查理，这场战役将决定谁将统治英国的权力。

战争进行的当天早上，查理派了一个马夫去备好自己最喜欢的战马。

"快点帮它钉掌！"马夫对铁匠说，"国王希望骑着它打头阵。"

"你得等等。"铁匠回答道，"我前几天帮国王全军的马都钉了掌，现在我得找点儿铁片来。"

"我等不及了。"马夫不耐烦地叫道，"国王的敌人正在推进，我们必须在战场上迎击敌兵，有什么你就用什么吧！"

铁匠埋头干活，从一根铁条上弄下四个马掌，把它们砸平、整形，固定在马蹄上，然后开始钉钉子。钉了四个掌后，他发现没有钉子来钉第三个掌了。

"我需要一两个钉子。"他又说，"得需要点时间砸出两个。"

"我告诉过你我等不及了。"马夫急切地说，"我听见军号了，你能不能凑合着用？"

"我能把马掌钉上，但是不能像其他几个那么牢固。"

"能不能挂住？"马夫问。

"应该能。"铁匠回答，"但我没把握。"

"好吧，就这样。"马夫叫道，"快点！要不然国王会怪罪到我们头上的。"

两军交上了锋，查理国王冲锋陷阵，鞭策士兵迎战敌人。

"冲啊，冲啊！"他喊着，率领部队冲向敌阵。

远远地，他看见战场的另一头几个自己的士兵退却了。假如别人看见他们这样，也会后退的，因此，查理策马扬鞭冲向那个缺口，召唤士兵调头战斗。哪晓得他还没走到一半，一个马掌掉了，战马跌翻在地，查理也被摔倒在地上，还没等他再抓住缰绳，惊恐的马儿就跳起来逃走了。查理环顾四周，他的士兵们纷纷转身撤退，敌人的军队包围了上来。

他在空中挥舞宝剑。"马！"他喊道，"一匹马，我的国家倾覆就因为这一匹马。"

他没有马骑了，他的军队已经分崩离析，士兵们自顾不暇。不一会儿，敌军俘获了查理，战争就这么结束了。

一个小小的马掌葬送了国王的性命以及整个国家。细节在人们的生活中确实有着如此重要的作用，谁忽略了它，谁就要受到它的惩罚。

细节往往容易为人所忽视，而这也往往最能映射出一个人的思想状态，因此，也最能表现一个人的性格修养。正因为如此，透过小事看人日渐成为衡量、评价一个人最主要的方式之一。

土豆是德国人喜爱的食品。在德国农村，土豆是最主要的农作物，一到收获的季节，农民就进入最繁忙的状态，他们不仅要把土豆从地里收回来，而且还要把它运送到附近的城里去卖。原先，农民都有一个习惯，就是把收获的土豆，按个头分为大、中、小三类，这样再到城里去卖就能卖个好价钱，比混在一起卖能多赚很多钱。但是要把堆成小山一样的土豆分拣开来却不是一件容易的事，要花费大量劳动力，也影响土豆及时上市。

后来人们发现了一件奇怪的事：汉斯一家从来没有人分拣土豆，他们总是把土豆直接装进麻袋，运到城里去卖，而且价钱卖得也不错。

这是怎么回事呢？

原来汉斯在向城里送土豆时，没让汽车走平坦的公路，而是选择了一条颠簸不平的山路。这样经过10英里的颠簸，小的土豆就自然落到麻袋的最底部，大的留在了上面。卖时仍然大小分开，一样卖得好价钱。聪明的汉斯不仅节省了劳力，还赢得了宝贵的时间，他的土豆总能比别人早一些上市，自然他的钱是越赚越多了。

大自然中有许多类似的现象。平时不留意根本意识不到的，但如果注意观察，用心分析，巧以利用，就能给生活带来许多便利。

细节是一种长期的准备，从而获得的一种成功的机遇。注重细节是一种个性习惯，是一种积累，也是一种眼光，同样也是一种智慧。只有保持这种处事的个性去做事，才能注意到问题的关键细节所在，才能做到为使事情达到预期的目标而思考细节，才不会为了成事而忽略细节。

20 找到适合自己的
鞋子和路子

每个人都有自己的特点，只有找到适合自身发展的事业，才能将这个事业做得最好。

为了和人类一样聪明，森林里的动物们开办了一所学校。开学第一天，来了许多动物，学校为它们开设了 5 门课程，唱歌、跳舞、跑步、爬山和游泳。当老师宣布，今天上跑步课时，小兔子高兴地一下在体育场地跑了一个来回，并自豪地说：我能做好我天生就善于做的事。而再看其他小动物，有撅着嘴的，有绷着脸的。第二天一大早，老师宣布，今天上游泳课，小鸭也兴奋地一下跳进了水里，天生恐水，祖上从来没人会游泳，小兔傻了眼，其他小动物更没了招。接下来，第三天是唱歌课，第四天是爬山课……以后发生的情况，便可以猜到了，学校里的每一天课程，小动物们总有喜欢和不喜欢的。

这个寓言诠释了一个通俗的哲理，那就是：不能让猪去唱歌，兔子学游泳。要成功，小兔子就应跑步，小鸭子就该游泳，小松鼠就得爬树。因此，判断一个人是不是成功，最主要的是看他是否最大限度地发挥了自己的优势。

明熹宗朱由校是一个很有天赋的皇帝，可惜他的天赋不是做皇帝而是做木匠。

他心灵手巧，对制造木器有极浓厚的兴趣，也有极高的天分。明代天启年间，匠人所造的床，极其笨重，十几个人才能移动，用料多，样式也极普通。熹宗便自己琢磨，设计图样，亲自锯木钉板，一年多工夫便造出一张床来，床板可以折叠，携带移动都很方便，床架上还雕镂有各种花纹，美观大方，为当时的工匠所叹服。明熹宗还善用木材做小玩具，他做的小木人，男女老少，俱有神态，五官四肢，无不备具，动作惟妙惟肖。

熹宗还派内监暗中拿到市面上去出售，市人都以高价购买，熹宗更加高兴，往往做到半夜也不休息。熹宗的漆工活也很在行，从配料到上漆，他都自己动手。他做的木像男女不一，约高二尺，有双臂但无腿足，均涂上五色油漆，彩画如生，活泼动人，看过的人都叫好。

熹宗还喜欢盖房屋，喜欢弄些机关，常常是房屋造成后，高兴得手舞足蹈，反复欣赏，等高兴劲过后，又立即毁掉，重新照新样制作，从不感到厌倦，兴致高时，往往脱掉外衣裸作，把治国平天下的事，早就抛到脑后，无暇过问。

奸臣魏忠贤当然不会错过这个良机，他常趁熹宗引绳削墨，兴趣最浓时，拿上公文请熹宗批示，熹宗觉着影响了自己的兴致，便随口说道："我已经知道了，你尽心照章办理就是了。"明朝旧例，凡廷臣奏本，必由皇帝御笔亲批；若是例行文书，由司礼监代拟批文，也必须写上遵阁票字样，或奉旨更改，用朱笔批，号为批红。熹宗潜心于制作木器房屋，便把上述公务一概交给了魏忠贤，魏忠贤借机排斥异己，专权误国，而熹宗却耳无所闻，目无所见，可叹他是一名出色的工匠，却使大明王朝在他的这双手上摇摇欲坠，我们只好感叹熹宗生错了人家。

很显然，明熹宗适合做的就是一位木匠而非皇帝，所以才会被人们称为一个胡闹的皇帝。不难想象，倘若他不是皇帝，而是一位木匠，那么他必将成为一位史上有名的木匠，而受人尊敬的。

生活中，或许我们常常羡慕那些大老板的豪宅与轿车，感叹自己没有那个命。其实不然，那些大老板们之所以有所成就，一方面是因为基础好，而另外一方面则是找到了适合他们自身的行业，就像比尔盖茨找到电脑一样，他们正是因为找到了自己适合的职业才逐步走向成功的，你也一样，要记住：最好的职业未必是适合你的，适合你的职业才是最好的职业。

21 立足眼前，
志当存高远

三军可夺帅也，匹夫不可夺志。

一个英国的探险家发现在一个沙漠中有一个小村庄。它紧靠一片绿洲，从这里走出沙漠只要三天时间，可是奇怪的是，这里却没有一个人走出过沙漠。探险家问那里的人：为什么不出去？得到的回答是：走不出去。原来他们尝试过多次，无论向哪个方向走，每次都是回到原地来。

探险家当然不信，他雇了一个当地人，让他带路，走了十天，果然又回到了原地。他由此弄清了他们走不出去的原因：原来他们不认识北斗星，在茫茫大漠里没法准确地判断方向，所以他们走的路线实际上不是直线而是一条弧线。探险家告诉向导，你白天休息，晚上朝着那颗星星的方向一直走，就能走出去了。后来，向导就成了那里第一个走出沙漠的人。

如今那里成了旅游胜地，那里竖着一座向导的铜像，铜像的底座上刻着这样一行文字：新生活是从选定方向开始的。

人生的旅途其实就像沙漠，本来就没有方向。很多人在这个沙漠中迷了路，因为他们找不到方向，今天往东明天往西，走来走去尽是绕路，花的都是冤枉功夫。而另一些人，则一开始就树立了坚定的志向，找到了人生的方向，并且坚持不懈地沿着这个方向一直走下去，很快他们就走出了人生的荒漠，步入丰美的绿洲。

唐代的鉴真和尚，俗家姓淳于，他出身于佛教徒家庭，21岁时在长安实际寺受戒，出家当了和尚。

5年以后，一直到他东渡日本之前的40年中，他讲经、建寺、造像，由他受戒的僧侣先后达四万多人，其中有不少是以后成名的高僧。他被誉为江淮一带的受戒大师，在佛徒中的地位很高，成为一方的宗首。

盛唐时代的中国非常强盛，人民生活安定，经济繁荣，文化和技术各方面都有很大成就，因此周围国家都派遣使节、留学生到中国来学习。日本当时处于奴隶社会，封建制的萌芽已逐渐增长。以后随着和中国交往的增加，他们直接向中国派遣使团和留学生，学习中国的经验。荣睿、普照就是日本专门派遣来中国邀高僧去日本传法受戒的学问僧。他们经过十年的访察，才找到了鉴真。

第一次东渡日本，鉴真和弟子祥彦等21人从扬州出发，却因受到官厅干涉而失败。第二次东渡，船出长江口，就受风击破损，不得不返航修理。

第三次出海，航行到舟山海面又因触礁而告失败。

第四次东渡，前往温州途中被官厅追及，强制回扬州。五次东渡，在海上漂流了14天后，到了海南岛南端的崖县，鉴真本人也因长途跋涉，暑热染病，双目失明。

直到第六次他离开扬州龙兴寺，乘第二艘遣唐使船从沙洲的黄泗浦出发，直驶日本。这位夙志不变、决心东渡弘法的盲僧，终于踏上了日本的土地，在鹿儿岛县川边郡坊津町的秋目浦上陆，随行的有普照、法进和思托等人。

成功东渡四十多天后，鉴真一行到达当时的京都奈良，受到天皇为首的举国上下的盛大欢迎，轰动日本全国。他在日本生活了10年，最终在日本圆寂，终年76岁。

鉴真去日本，前后一共六次乘船东渡，其中前五次都因各种原因而失败，并且还坏了自己的一双眼睛。以他60多岁的高龄，这样不避艰险，不图名利，不计成败，只为了弘扬佛法，广传佛道，进行时刻面临危险的东渡行为，最终能够成功，正是靠着他内心坚定不移的志向。

一支军队可以没有统帅，因为没有统帅再派一个来就是了。但是一个"匹夫"，一个普通人，我们中的任何一个，都不能没有志向。没有志向的人生是没有方向的，只能随波逐流，无法成就事业。

22 在没有退路的时候，敢于一搏

如果决定去做一件事情，即便灾难我们都不要放弃，唯有不放弃的希望才能给我们带来累累硕果。

约在一个半世纪以前，一艘英国商船沉没于马六甲海域。这艘从广州驶出的船上载满了中国的丝绸、瓷器及珍宝。

10年前一位名叫鲍尔的人偶然从资料上获此信息，便下决心打捞这艘沉船。他在海底摸索了漫长的8年，探寻了70多平方公里的海域，终于找到了海底的宝物。

这项搜寻工作的耗资是巨大的。工作刚进行了30天，就用去几万元，可珍宝却杳无踪影，两位最初的合伙人认定无望而离去。之后，没有一个合伙人能坚持得更久，其中有一位鲍尔的好友，几次加入又几次离去，并一次次劝说鲍尔放弃这"疯子"般的念头。

事后鲍尔说他其实一直有放弃的念头，每次精疲力竭地从海底潜回时他都想永远不再干下去了，他甚至怀疑早年的记录有误，而且8年来他已耗尽巨资，债台高筑，但他终于坚持到了成功的这一天。

坚信一种理念，始终为之奋斗，总有靠近理念甚至成功的一天。有时候这个过程往往需要我们酷似"疯子"一般的痴迷，这就是破釜沉舟式的智慧。

破釜沉舟式的智慧，能够给予理想无限的动力，能够赋予人生更重要的意义，它超越了坚持本身，是一种坚持的升华，或许生活将我们剥夺的一无所有，只要我们拥有这种智慧，我们一定能够拥有最灿烂的明天。

安东尼·罗宾提出这样的忠告："把苦恼、不幸、痛苦等看成人生不可避免的一部分。当你遇到不幸时，你抬起头来，向前看。其后，你得不断地向自己重复使人愉快高兴的话：'这一切都会过去。'"

英国史学家卡莱尔经过多年的艰辛耕耘，终于完成了《法国大革命史》的全部文稿。他将这本巨著的底稿全部托付给自己最信赖的朋友米尔，请米尔提出宝贵的意见，以求文稿的进一步完善。

隔了几天，米尔脸色苍白、上气不接下气地跑来，万般无奈地向卡莱尔说出一个悲惨的消息：《法国大革命史》的底稿，除了少数几张散页外，已经全被他家里的女佣当作废纸，丢进火炉里烧为灰烬了。

卡莱尔在突如其来的打击面前异常沮丧。当初他每写完一章，便随手把原来的笔记、草稿撕得粉碎。他呕心沥血撰写的这部《法国大革命史》，竟没有留下任何可以挽回的记录。

但是，卡莱尔还是重新振作起来。他平静地说："这一切就像我把笔记簿拿给小学老师批改时，老师对我说：'不行！孩子，你一定要写得更好些！'"他又买了一大沓稿纸，从头开始了又一次呕心沥血的写作。我们现在读到的《法国大革命史》，便是卡莱尔第二次写作的成果。

作家最为珍视的莫过于自己的作品，而且那是经过多年的艰辛所完成的，里面凝结着卡莱尔的心血。当得知如此的付出被毁于一旦，而自己又没有留下任何的底稿时，你的第一感觉是什么？

你一定会感到异常沮丧与绝望，卡莱尔也不例外。但当你明白过来事已至此没有退路，事实无法改变时你会怎么办？是意志消沉，从此一蹶不振；还是振作起精神，从头再来？卡莱尔选择了后者。坚强不息，与命运抗争的人都会选择后者。于是他又一次开始了他的创作历程，于是便有了"新"的《法国大革命史》。

当人感到没有丝毫的退路时，他的潜能也会被激发到最大，那时他也是最为不可被战胜的。我们要用成功的心态来面对自己的决定，不留退路，也许就是另一种成功。

23 理性做人，
至关重要

超越了理性的控制，人将失去自身最美丽的人性光环。

阿芝·瓦尔蒂是法国尼斯市的一名警察，这天晚上他身着便装来到市中心的一家烟草店门前，他准备到店里买包香烟。这时，店门外一个叫让·皮埃尔的流浪汉向他讨烟抽。瓦尔蒂说他正要去买烟，让·皮埃尔认为瓦尔蒂买了烟后会给他一支。

当瓦尔蒂出来时，喝了不少酒的流浪汉缠着他索要烟。瓦尔蒂不给，于是两人发生了口角。随着互相谩骂和嘲讽的升级，两人情绪逐渐激动。瓦尔蒂掏出了警官证和手铐，说："如果你不放老实点，我就会给你一些颜色看。"皮埃尔反唇相讥："你这个混蛋警察，看你能把我怎么样？"在言语的刺激下，二人扭打成一团。

旁边的人赶紧将两人分开，劝他们不要为一支香烟而发那么大的火。

被劝开后的流浪汉骂骂咧咧地向附近一条小路走去，他边走边喊："臭警察，有本事你来抓我呀！"失去理智、愤怒不已的瓦尔蒂拔出枪，冲过去，朝皮埃尔连开两枪，皮埃尔倒在了血泊中……

法庭以"故意杀人罪"对瓦尔蒂做出判决，他将服刑25年。

流浪汉死了，警察坐了牢，起因是一支香烟，罪魁是失控的情绪。生活中，很多人没有冷静自制的习惯，他们总是放纵自己的情绪，结果惹出了很多是非，警察瓦尔蒂和流浪汉的悲剧就是其中之一。

用理性武装自己的头脑，能够避免自己干出一系列日后后悔的事情来。

金碧辉煌的演出大厅。

勃拉姆斯的《C小调钢琴四重奏》如梦似幻，响起在每个人的心灵深处……

似有晶莹的露珠从草叶尖上滚落。岁月无痕，依旧清澈的是那段美丽凄婉的爱的倾诉。

1853年，勃拉姆斯有幸结识了舒曼夫妇。舒曼非常赏识勃拉姆斯的音乐天赋，并热情地向音乐界推荐了这位年仅20岁的后起之秀。但不幸的是，半年后舒曼就精神失常了，接着被送进了疯人院。当时舒曼的夫人克拉拉正怀着身孕，残酷的现实使她悲恸欲绝。勃拉姆斯便来到了克拉拉身边，诚心诚意地照顾她和孩子，还时常到疯人院看望恩师舒曼。

克拉拉是一位很有教养、品行高尚的钢琴家。在患难与共的日子里，勃拉姆斯渐渐由最初对克拉拉的崇拜而升华为真挚的爱恋。尽管她大他14岁且是7个孩子的母亲，但丝毫没有减弱他对她的痴情。克拉拉并非草木，但她却始终克制着，克制着……

勃拉姆斯从克拉拉身上看到了自我克制的人性光辉。他不断地给克拉拉写情书，却一封也未寄出。他把所有的爱恋都倾注在五线谱上，整整20年，他终于写成了《C小调钢琴四重奏》——一座用20年生命激情铸造的爱情丰碑！

真爱如斯，人性如诗。

音乐在大厅里回响，同时回响在人们心中的还有勃拉姆斯的声音："你在封面上必须画上一幅图画：一颗用手枪对准的头。这样你就可以形成一个音乐观念！"——那时是1876年，勃拉姆斯正将他的《C小调钢琴四重奏》交给出版商出版。

震撼人心的声音在灵魂高处飘扬。一颗用手枪对准的头，在那自律的枪膛里，分明装着理智和道义两颗子弹；音乐之外，照耀我们心灵的是勃拉姆斯做人的光辉。

人皆有七情六欲，遇到外界的刺激时，难免情绪上的波动，这是人的一种自我保护的本能的生理和心理反应。但这种激动的情绪不可放纵，因为它可能使我们丧失冷静和理智，使我们不计后果地行事。因此，我们在遇到事情时，要学会克制，学会忍耐，而不要像炮捻子，一点就着。

24 邪欲和贪念，
   必须要压住

诱惑会令人心智迷乱，诱导人步入歧途；贪欲让心灵得不到满足，诱人滑入深渊。

一只狗意外得到了一根很大的骨头，想回家后好好得美餐一顿，便叼着它往家跑。

当它经过一条河的时候，突然看到水中自己的倒影，便以为是另外一只狗，当他发现对方嘴里也叼着骨头，并且好像比自己的还要大时（其实是一样大的，无论是谁都会觉得别人的东西比自己的好），瞬时起了贪念，妄想从那只狗那儿将另外一根骨头抢到手。

于是，它张开嘴跳进了河里去抢夺"另外那只狗"的骨头，结果"那只狗"一下子消失得无影无踪，就连那只狗嘴里的骨头也同样消失了。而这只狗自己嘴里的骨头，也因它张大了嘴而脱落、被水冲走了。

这只贪婪的狗为了一块不存在的骨头，把自己本来拥有的骨头也丢了，真是可悲！

现实的压抑与欲望的膨胀就像悬在头上的两把利剑，无论你过分靠近哪一头，都是危险的，你的身心会受到无情的伤害。只有在两者之间寻求到一个平衡点，才是最佳的选择。

被物欲俘虏的人是不幸的。一旦陷入金钱的陷阱，你所损失掉的不仅仅是自由、原则、道德、尊严，更可怕的是很可能被它骗走生命。

公元1838年，林则徐在湖广总督任上向道光帝上了一份奏折，大声疾呼：如果再不严禁鸦片，那么几十年后，中国几乎没有可以派出抵抗敌人的军队，而且没有可以发军饷的白银，国家就被鸦片蛀空了！

道光帝本人也抽过鸦片，亲身感受过洋烟的毒害，林则徐的警告使他触目惊心。于是他特命林则徐为钦差大臣，前往广州查禁鸦片。外国烟贩和勾结他们的洋行商人，起初并没有把他的到来放在心上。他们知道，清朝官员都爱钱，只要花些银子，没有过不了的关。

于是，他们派怡和洋行的老板伍绍荣为代表，去求见林则徐，暗示贿赂的数目。可这一回，烟贩们的如意算盘打空了。林则徐听完了来意，拍案而起，怒斥道："本大臣不要钱，只要你的脑袋！"他命令伍绍荣回去告诉外国主子：限三天以内，把所带的鸦片全部交官，并且签立今后永远不夹带鸦片的保证书。如果胆敢违令，一经查出，货物一律充公，贩卖鸦片的商人一律处死。

英国大烟贩颠地，是外国鸦片商人的头目，手中还拥有走私武装。他先是呈报了一千箱鸦片，妄图蒙混过关。林则徐早就调查过海上商船的情况，知道他弄虚作假，下令传讯颠地，对他提出警告。颠地回船后，继续拖延时间，对缉私人员进行武力挑衅，于是林则徐决定逮捕他。英商监督义律把颠地藏匿在商馆里，拒不交出，还以战争叫嚣相威胁。林则徐针锋相对，封锁了黄埔一带的江面，又派兵包围了商馆。

广州百姓自愿参加巡逻，一防颠地潜逃，二防内奸混入。商馆断水断粮，义律再也无法顽抗，不得不同意交出所有船上的两万多箱鸦片。林则徐派人在虎门海滩的高处，挖了两个长宽各五十丈的大池，池壁有涵洞与大海相通。

林则徐率领广东大小官员，前来监督销毁收缴的鸦片。一箱箱鸦片被投入浸满海水的大池中，再倒上海盐和生石灰，顿时池水沸腾，浓烟滚滚，鸦片化作了灰烬。成千上万围观的群众，发出了春雷般的欢呼声。

查禁鸦片时期，林则徐曾在自己的府衙写了一副对联："海纳百川有容乃大；壁立千仞无欲则刚。"无论为官还是做人，只有减少心中的私欲，才能像大山那样刚正不阿，挺立世间。

一个真正的君子，应该是刚直不阿的，要做到这点，前提是内心不能有太多的欲望。这里的欲望所指的是一己的私欲，为国为民也是欲望，但这种欲望并不妨碍一个人内心的刚直，而正是刚正不阿所必需的条件。

25 路，
还是要靠自己闯出来

没有人能够因仿效他人而获得成功。哪怕他是仿效一个伟大的成功者。成功不能从抄袭、模仿中得来。成功是必须经过创造完成的。一个人一旦丧失自我，他就会失败。

西施是众所周知的古代美女，由于她有心痛病，走路时总皱着眉头、捂着胸口。由于她人长得漂亮，即使是做这些动作大家都愿意多看几眼，并且品评一下她的美丽。

邻家有个女儿长得很难看，但是看到大家对西施的动作如此关注、还纷纷夸赞美丽，她便以为人们喜欢西施的动作，便学着西施的样子模仿起来，还大摇大摆的上了街。结果路人都躲得远远的，甚至邻居们看了她的样子都纷纷把家门关起来，不愿意再多看一眼。

这个丑女模仿西施是希望能得到大家的夸赞，却弄了个事与愿违。其实，她只知道西施皱眉的样子好看却不知好看的原因，结果做出了蠢事让邻居们耻笑。

人云亦云，模仿他人的人就是"东施效颦"。这样的结果只能引来别人的挖苦和嘲讽，所以，做人还是做回自己的好。

一些成功者正是靠胆略超群、特立独行的个性，走出了一条自己的道路。

凡是来到弗里吉亚城的朱庇特神庙的外地人，都会被引导去看戈迪阿斯王的牛车。人们都交口称赞戈迪阿斯王把牛轭系在车辕上的技巧。

"只有很了不起的人才能打出这样的结。"其中有人这样说。

"你说得很对，但是能解开这结的人更加了不起。"庙里的神使说。

"为什么呢？"

"因为戈迪阿斯不过是弗里吉亚这样一个小国的国王，但是能解开这个结的人，将把全世界变成自己的国家。"神使回答。

此后，每年都有很多人来看戈迪阿斯打的结子。各个国家的王子和政客都想打开这个结，可总是连绳头都找不到，他们根本就不知从何着手。戈迪阿斯王死了几百年之后，人们只记得他是打那个奇妙结子的人，只记得他的车还停在朱庇特的神庙里，牛轭还是系在车辕的一头。

有一位年轻国王亚历山大，从隔海遥远的马其顿来到弗里吉亚。他征服了整个希腊，他曾率领不多的精兵渡海到达亚洲，并且打败了波斯国王。"那个奇妙的戈迪阿斯结在什么地方？"他问。

于是他们领他到朱庇特神庙，那牛车、牛轭和车辕都还原封不动地保留着原样。

亚历山大仔细察看这个结。他对身边的人说："过去许多人打不开这个结，都是陷入了一个窠臼，都认为只有找到绳头才能将结打开，我不相信，我不能打开这个结。我也找不到绳头，可是那有什么关系？"说着，他举起剑来一砍，把绳子砍成了许多节，牛轭就落到地上了。

亚历山大说："这样砍断戈迪阿斯打的所有结子，有什么不对？"接着，他率领他那人马不多的军队去征服亚洲。

没有人能够因仿效他人而获得成功。成功是必须经过创造完成的。一个人一旦丧失自我，他就会失败。

在现代社会，要参加激烈的竞争，最忌讳跟在别人的屁股后面随大流，虽然这样看上去比较保险，不会损失你的一分一毫，但是，人走我随，亦步亦趋，将永无成功之日。只有让自己变得与众不同，你才能够离开别人走熟的途径，闯入一个新的境界。

26 敢于担当的人，事竟成

责任让人坚强，让人勇敢，也让人知道关怀和理解。

三个老友结伴攀登一处峭壁。次日下山时，由于气温骤降，使垂直的岩壁更是滑不留足。三个人以登山绳相连，分别敲开岩上的坚冰，再打入钢钉，勾上绳子，垂降到下一步。

突然，一个人的钢钉松脱了，手脚在无法攀援的冰壁上滑开，霎时坠了下去，所幸身上的绳子与两侧的朋友相连，使他吊在空中。

两个人尽了一切力量救他，奈何垂直的岩壁上毫无可以使力的东西，而有限的钢钉，更因为那人下坠及眼前增加的重量，而随时有滑脱的可能。

"你们不可能救得了我，把绳子割断，让我走！"悬在半空的人嘶声哀求，"与其一起摔死，或留在这儿冻死，还不如我一个人走！只怪我失手！"

他们割断了绳子，那人笔直地跌下去，没有哀号。

剩下的两个人终于安全地返回地面，他们一起到死者的家中，那人的妻子瞬间苍白了面孔，她颓然坐下，没有多问，也没有号哭，只淡淡地说了一句话："只怪他失了手！"

自己的错误要敢于承担，哪怕是付出生命的代价，这样的人才是可敬的人，才是伟大的人，才是成功的人。那些蹑手蹑脚敢做不敢当的人，是永远都会被人轻视的无所作为的人。

人非圣贤，孰能无过，知错能改，善莫大焉。发现错误的时候，不要采取消极的逃避态度。而是应该想一想自己应怎样做才能最大限度地弥补过错。只要你能以正确的态度对待它，勇于承担责任，错误不仅不会成为你发展的障碍，反而会成为你向前的推动器，促使你不断地、更快地成长。

王磊是某化工厂的财务人员。一天，他在做工资表时，给一个请病假的员工定了个全薪，忘了扣除其请假那几天的工资。于是王磊找到这名员工，告诉他下个月要把多给的钱扣除。但是这名员工说自己手头正紧，请求分期扣除，但这么做的话，王磊就必须得请示老板。王磊认为，老板知道这件事后一定会非常不高兴的，但王磊认为这混乱的局面都是因自己造成的，他必须负起这个责任，于是他决定去老板那儿认错。

当王磊走进老板的办公室，告诉他自己犯的错误后，没想到老板竟然说这不是他的责任，而是人事部门的错误。王磊强调这是他的错误，老板又指责这是会计部门的疏忽。当王磊再次认错时，老板看着王磊说："好样的，你能在做错事情的时候主动承认，不推到别人的身上，这种勇气和决心很好。好了，现在你去把这个问题解决掉吧。"事情就这样解决了。从那以后，老板更加器重王磊了。

确立正确的责任意识，勇于承担责任，不仅是个人道德品质高尚的体现，也是做好本职工作的根本保证。勇于承担责任，才能慎重使用手中的权力，尽心尽力为人民服务，赢得下属的尊敬。事实上，只有勇于承担责任的人，才能被赋予更多的使命，才有资格获得更大的荣誉。而一味推卸责任、争功诿过的人，则会失去社会对自己的基本认可，失去别人对自己的信任与尊重，也失去自己的立身之本——信誉和尊严。

第二章

智慧，是引领人生的神奇魔法

　　智慧是一种人生的态度与境界。智慧讲究谋略，但谋略并非智慧。它是能够或已经"跨越"理性和情感、直觉与知识之间深刻鸿沟的思想、态度、观念和方法。智慧说到底是引领人们走向成功的内心召唤或洞察力或性格或信念。显然，和谐的内心世界以及对外部世界的一定"张力"是智慧中不可或缺的因素。创造是人类从事的最主要的活动，一个人创造的成果，标志着他的成就和对社会的贡献。但是创造的领域要根据个人的条件和层次进行合理的选择，选择也是判断，反映一个人的智慧。而当你真正踏上智慧的台阶的时候，你就能完全地拥有并使用好它们了。

01 审时度势，
     趋利避害

统观大局者，才能审时度势、游刃有余地掌握处事中的每一种特殊的情况，并加以区别对待，从而达到最佳效果。

有头驴经常驮盐过河，有一次它一不留神在河里滑倒了。由于盐遇到水溶化了许多，故而，当驴从河里爬起来后觉得背上的分量变轻了，心里很是高兴，心想："若是以后经常这样，每次我背的东西便都可以变轻了，那我可就省大劲儿了。"

于是，驴便利用这个窍门偷了许多次懒。可是有一次，主人让驴驮了一大袋棉花。虽然棉花的体积很大却十分轻，多次吃到过偷懒甜头的驴已经形成了习惯，即使是如此轻的棉花它也想偷懒，于是跑到河里故伎重施。结果可想而知，棉花一遇水便将水吸附到了上面，虽然棉花的体积变小了，却比原来重了许多倍。驴对于这突如其来的负重根本没有心理准备，一头栽进了河里，再也没能爬起来。

能够依靠审时度势的判断，逢凶化吉、转害为利的人，才能称得上是高瞻远瞩的智者。

寓言中的驴正是因为不能审时度势才断送了自己性命：它分不清哪种物品遇水能够变重，哪种物品遇水会变轻；哪种行为能够让自己真正省力，哪种行为会令自己更吃力。

审时者，时不误；度势者，势相助。当外界环境改变的时候，我们也应善于改变思维方式，从而达到与外界的一致，必能在处事上略胜一筹！

1964年，松下公司突然宣布放弃发展大型电脑的计划，消息一经传出确实令众人迷惑不解。因为这时的松下公司已经在这个项目上花掉了5年时间，投入了十几亿资金进行研究开发。

突然撤出的原因何在呢？原来松下幸之助发现：电脑市场的竞争日趋白热化，仅在日本就有富士通、日立等公司在做最后的冲刺，如果此时松下再强行挤进这个行列，虽然也有可能在竞争中分得一杯羹，但导致全军覆没的几率也是有的。很显然，这样做的话就是在拿整个公司的命运作赌注。所以，面对这样的市场形势，松下幸之助毅然决定退出电脑市场的争夺，后来证明：这的确是一项清醒而果断的决策。

松下幸之助在电脑投资计划中的突然撤退，充分显示了他对当前形势，能够审时度势地做出有效判断，并通过果断、冷静地行动，让企业避免了这场前途未卜的争夺战，最大限度地照顾了整个企业的利益。

处事上也应该如此，人们往往习惯于某种定向思维，并根据这种定向思维来处理一些见惯不惯的问题，当然这是一种人生阅历，然而，当今这个社会的变化之快，环境之复杂，始终会超出人们的思维定势，往往表象相同而内质不同的问题，处理上如果依然不加以审时度势的判断的话，失败、挫折自然在所难免。

02 进退有据善避锋芒，
说话是艺术

　　迎"锋"而上的人，既是英雄，又是莽汉。在这个以思维制胜的时代，一味的蛮干自然会让你四处碰壁而一事无成，若能运用敏捷的才思，有效地避开他人的"锋芒"做出正确的抉择，便能够以小搏大、以弱搏强，得以制胜。

　　齐景公非常喜欢鸟，为此他还专门设立了一个管鸟的职位，并且任命烛邹来担任此职。一次，烛邹不小心放走了景公最喜欢的鸟。齐景公为此大怒，召集了文武百官，想要当众把烛邹给杀了以解心头之恨。

　　为了防止有人为烛邹求情，在杀烛邹之前齐景公严厉下令：如果谁为烛邹求情一并论罪。众大臣原本有意求情的也不敢轻举妄动了，毕竟齐景公有话在先——君无戏言。看看众位大臣没有反应，晏子却站了出来说："我认为烛邹有三大罪导致大王要杀他，等我让大家都知道他的罪行，大王再杀他也不迟！"景公一听不是为烛邹求情便答应了。

　　晏子指着烛邹说："你为大王管鸟却把鸟放飞了，这是第一大罪；你让大王因为一只鸟而轻易动手杀人，这是第二大罪；你使得诸侯听说大王为了这种事杀人，而让大王背上了草菅人命的罪名，这是第三大罪。烛邹的罪行已经列举完了，请大王下令杀他吧！"

齐景公随即明白了晏子的意思，于是对着众大臣说："念在烛邹也是无心之过，这次暂且饶他一次，下次他若再犯加倍责罚！"

"遇山开路，遇水搭桥"的处事方式，固然是实力与勇气的有机结合，但这种处事方式的代价也是昂贵的，因为它需要很强的物质条件做后盾，以及强大的精神力量作支持，一旦你的物质与精神稍有偏差，都将导致最终的失败。

一味地追求"狭路相逢，勇者胜"的人，则完全没有考虑现实情况——胜算与实力方面的问题，以及矛盾的尖锐程度……要知道，与人打交道并不是打仗，你面对的人未必是敌人，而达到双赢则是这个社会所需要的，也是你所需要的，树敌不如立友，合理地处理问题，需要有闪避锋芒，让人一步的胸怀及智慧。

在西汉时期汉武帝身边有个大臣叫东方朔，头脑聪明，言词流利，又爱说笑话，当时人称他为滑稽派。

汉武帝刚即位就下了一道诏书，叫各郡县推举品行端正、有学问才能的人，当时有上千人应征。这些人上书给皇帝，多半是议论国家大事，卖弄自己的才能，其中不少建议皇帝看不上，提建议的人也就没被录取。东方朔的上书却半开玩笑半认真地说自己怎么博学多才，聪明过人，怎么身材高大，五官端正，怎么勇敢灵活，正派守信，最后说："像我这样的人，真该当皇上的大臣了。"汉武帝看这份上书与众不同，有些意思，就让他待诏公车。东方朔虽然被留在了长安，但薪水很少，也见不着皇帝。

过了些日子，东方朔想出个让皇帝注意他的主意来。当时皇宫里有一批给皇帝养马的侏儒，东方朔骗他们说："皇上说你们这些人一不能种田，二不能治国，三不能打仗，对国家没一点用处，准备把你们全杀了呢。"侏儒们都吓得哭起来。

东方朔又教他们："皇上要是来了，你们赶快去磕头求饶。"

　　不久，汉武帝路过马厩，侏儒们都号啕痛哭，跪在武帝的车子前连连磕头。武帝觉得奇怪，问道："你们干什么？"侏儒们回答："东方朔说您要把我们全杀了。"汉武帝知道东方朔鬼点子多，就把他叫来责问："你为什么要吓唬侏儒？"东方朔说："侏儒身高不过3尺多，每个月有一袋粮食、240钱。我东方朔身长9尺多，也只有一袋粮食、240钱。侏儒们会撑死，我却会饿死。皇上要觉得我不行，就放我回家，别留着我在这里吃白饭。"武帝听了哈哈大笑，让他待诏金马门。待诏金马门比待诏公车的地位高，他也就渐渐地能接近皇帝了。

　　有一次，汉武帝让手下的人玩"射覆"的游戏，东方朔连猜连中，得了很多赏赐。汉武帝身边有个姓郭的舍人，也很聪明，能言善辩，见东方朔这么得意，很是眼红，就对武帝说："东方朔刚才都是碰运气，并不是真会猜。现在我来藏一样东西，如果他猜中，我愿意挨一百板子；要是猜不中，您把刚才赏他的东西都给我。"结果东方朔又猜对了。汉武帝命令左右打郭舍人的屁股，郭舍人痛得直喊"哎哟"。东方朔嘲笑他说："咄！口上没有毛，声音叫嗷嗷，屁股翘得高。"郭舍人又羞又气，喘息着说："东方朔辱骂皇上的随从，该杀头！"武帝问东方朔："你为什么骂他？"东方朔急中生智，回答："我怎敢骂他？是让他猜谜语呢。"武帝又问："怎么是谜语？"东方朔信口胡编道："口上没毛是狗洞，声音叫嗷嗷是鸟儿在喂小鸟，屁股翘得高是白鹤弯腰啄食。"武帝见他说得头头是道，没法再追究，郭舍人只好吃了个哑巴亏。

　　又有一次过节，汉武帝下令把祭肉赏给身边的官员、随从们，可是执行命令、主管分肉的大官丞迟迟不来。东方朔对同事们说："今天过节，该早点回去，请原谅我占先了。"说着拔出剑来，割了一块肉走了。大官丞知道后报告给汉武帝。

　　第二天，东方朔进宫来，汉武帝责备他："昨天你为什么不等大官丞来宣布命令就擅自割肉？"东方朔赶紧脱下帽子，跪在地上请罪。汉武帝说："你起来，自己责备自己吧。"东方朔拜了两拜，爬起来，像背书一样有板有眼地说："东方朔，你过来！东方朔，你过来！你接受赏赐不等命令，多么无礼啊！拔出剑来就割肉，多么豪壮啊！只割一小块，多么廉洁啊！回去送给妻子，又多么有爱心啊！"汉武帝忍不住笑，说："让你责备自己，你倒夸起自己来了！"不但没办他的罪，还赏给他一担酒、100斤肉，让他带回去给妻子。

在对待问题的时候，我们应该学会进退之道，避开对手锋芒，让他的锐气无的放矢，而我们则可挫其锐气，进而通过敏捷的思维，寻找到解决问题、处理问题的最佳途径。

03 戒急戒躁，
沉稳应对是聪明

要办成事，绝不能不分青红皂白地一阵乱来，而是要有进有退，有急有缓，一切皆为了稳中求胜。

一天，一头驴正在空旷的草地上吃草，突然发现一只狼正悄悄地向它逼近。由于发现的太晚了，驴想跑已然来不及了。于是驴子急中生智，想出了一条让狼吃不成它的妙计。

没等狼过来，驴便装作一瘸一拐的样子主动向狼走了过去。狼很奇怪驴为什么没有逃，反而向自己靠近，便问驴："看到我，你怎么不逃命，难道不怕我把你吃掉？"驴子沉住气说："你看我这一瘸一拐的样子，哪能跑得掉？

看来今天注定了我要被你吃掉。不过，在临死之前我想提醒你一下，我的蹄子是由于扎到了刺儿才变瘸的，你吃我之前一定要先将那根刺拔出来，免得扎到你的嘴。"

狼一听很有道理，心想，反正驴也跑不掉了。于是便爬到驴蹄子下去找蹄子上的刺。这时，驴对准狼的脑袋猛地一踹，狼的脑袋顿时被踢开了花。

聪明的驴之所以能够拯救自己，在很大程度上是因为它的沉稳以及灵活应变——它抓住了狼的心理，从而以沉着的态度，一步步地将狼送到了自己的蹄下，从而解决了狼的性命，保护了自己。

所以说事临头，千万不能急躁，越是急躁越不容易解决问题，相反只有稳中求胜，才能想出好的取胜办法，达到目的。

唐代武则天时，湖州别驾苏无名以善于侦破疑难案件而闻名朝廷内外。一次，他到神都洛阳，恰巧碰到武则天的爱女太平公主的一批宝物被盗，武则天诏令破案。

太平公主是初唐时期颇有声名的公主。她的性格酷肖母亲，因此深得武则天的宠爱，一次。武则天赏赐给她各种珍贵宝器共两盒，价值黄金千镒。太平公王收到母亲这批赐物，即带回家中密藏了起来。但是，一年之后宝物不翼而飞。这是圣上御赐的宝物，太平公主不敢隐瞒，立即告诉了武则天。

武则天知道后，认为有损她的颜面，恼羞成怒，立即召来洛州长史，诏令他二日内破案，如限期之内不能缉盗归案，则以渎职、欺君问罪。

洛州长史恐惧万分，急忙召来州属两县主持治安和缉盗的官员，向他们投下制签，下令两日之内破案，否则处以死罪。两县的缉盗官员们无力破获这样的大案，只是依照长史的做法，召来一班吏卒、游徼，严令他们在一日之内破案，否则也是处以死罪。一件疑难大案的侦破任务，便如此一层一层地推了下来。

无法再往下推的吏卒和游徼们。手中拿着上司的死命令，一时慌了手脚，只得来到神都大街上碰运气，恰好，他们碰上了晋京的苏无名，于是便一拥而上将这桩"御案"告诉了他。苏无名听完后，吩咐他们如此如此，便同他们一块来到衙门。一进衙门，这班吏卒、游徼向着主管缉盗的官员高呼："捉住盗贼了！"他们的话音还未落地，苏无名已应声进了厅堂。缉盗官一问，眼前来的乃是湖州别驾苏无名，便转身怒斥吏卒、游徼们："胆大妄为之徒，怎能如此侮辱别驾大人！"

苏无名一见缉盗官训斥下属，便朗声大笑道："不要怪罪他们。他们请我来此为的是侦破公主万金被盗的御批大案！"缉盗官一听苏无名是为破案而来。惊喜万分，便急忙向苏无名请教破案的妙策。苏无名神色不动，只是说："你我立即去见洛州府长史。见了长史，你只需告诉他，御案由我湖州别驾苏无名来主持侦破即可。"

缉盗官依了苏无名的主意，带他前往洛州府。缉盗官和苏无名二人双双来到洛州府。

长史一听破案有了指望，立即行礼迎接苏无名，感激涕零地拉着苏无名的手说道："今日得遇明公，是苍天有眼，赐我一条生路啊！"说完，洛州府长史屏退左右，向苏无名征询破案的妙策。苏无名依然是神色不动，不急不忙地说："请府君带我求见圣上。在圣上御旨之下，我苏无名自有话说！"洛州府长史急于破案交差，立即上疏朝廷荐举苏无名破案。苏无名心中已有了破案之策，那就是少安毋躁，以查出贼踪，故而他见了缉盗官，又要见长史，见了长史又要面皇上，这一系列的举措都是有目的的。武则天看过洛州府长史的上疏后，决定立即召见湖州别驾苏无名。

在神都洛阳的宫殿上，苏无名见到了武周皇帝武则天。武则天劈头一句便问："你果真能为朕捉到盗宝的贼人吗？"苏无名答道："臣能破案！如果圣上委臣破案，请依臣三事：一，在时间上不能限制；二，请圣上慈悲为怀，宽恕两县的官员；三，请圣上将两县的吏卒、游徼交臣差使。如依得臣下所请三事，臣下将在两个月内，擒获此案盗贼，交付陛下。"

武则天听完之后，看了看苏无名，便顿首应允了他的条件，谁知苏无名奉旨接办御案之后，没有动静，一晃就是一个多月的光景过去了。一年一度的寒食节又来临了，这天，苏无名召集两县大小吏卒、游徼会于一堂，准备破案。他吩咐，所有破案人员全部改装为寻常百姓，分头前往洛州的东、北二门附近巡游侦查。无论哪一组，凡是遇见胡人身穿孝服，出门往北邙山哭丧的队伍，必须立即派员跟踪盯上，不得打草惊蛇，只须派人回衙报告即可。

这边苏无名刚刚坐定。就见一个游徼喜滋滋地赶了回来。他告诉苏无名，已经侦得一伙胡人，其情形正如苏无名所说，此刻已在北邙山，请苏无名赶去定夺。苏无名听后，立即下令衙役备马，与来人赶往北邙山坟场。到达之后，苏无名询问盯梢的吏卒："胡人进了坟场之后表现如何？"吏卒回报说："一切如别驾大人所料，这伙胡人身着孝服，来到一座新坟前祭奠，但他们的哭声没有哀恸之情，烧些纸钱之后，即环绕着新坟察看，看后似乎在相互对视而笑。"苏无名听到这里，大喜击掌，说道："窃案已破！"立即下令拘捕那批致哀的胡人，同时打开新坟，揭棺验看。吏卒奉命逮捕了胡人，但对开棺之令不免犹豫不前。苏无名见状，笑道："诸位不必疑虑，开棺取赃，破案必在此举！"于是，吏卒、游徼们动手掘坟开棺。随着棺盖缓缓开启，棺内尽是璀璨夺目的珠宝。检点对勘之后，证实这些正是太平公主一月前所失的宝物。

苏无名一举侦破太平公主的失窃大案，震动了神都洛阳。武则天下旨再次召见苏无名，问他是如何断出此案的。苏无名应诏进殿，对道："臣下并没有什么特殊的神谋妙计，来神都汇报工作的途中，曾在城郊邂逅了这批出葬的胡人。凭借臣下多年办案的经验，当即断定他们是窃贼，只是一时还不知他们下葬埋藏的地点。

寒食节一到，依民俗，人们是要到墓地祭扫的。我料定这批借下葬之名而掩埋赃物的胡盗，必定会趁这机会出城取赃，然后相机席卷宝物逃走。因此臣下差遣两县吏卒、游徼便装跟踪，摸清他们埋下宝物的地点。据侦查的吏卒报告，他们祭奠时不见悲切之情，说明地下所葬不是死人；他们巡视新坟相视而笑，说明他们看到新坟未被人发觉，为宝物仍在坟中而高兴。因此我决定开棺取证，果然无误！"

苏无名的一番话将破案的关节款款道出，说得字字在理，句句入情，武则天极为叹服。苏无名见状，又继续说道："假如此案依陛下二天之限，强令府县去侦破，结果必因风声太紧，窃盗们狗急跳墙，轻则取宝逃亡，重则毁宝藏身。那么，在证毁贼逃的情况下，再去缉盗追宝，就势必事倍功半了。所以陛下急破之策不宜行，急则无功。现在，官府不急于缉盗，欲擒故纵，盗贼认为事态平缓，就会暂时将棺中宝物放在那里。只要宝物依然还在神都近郊，我破案捕盗就像从口袋中探取什物一般容易！"

办事绝不能由着急性子来，要按照事理来，这样才能稳操胜券。但有些人却不明白，一遇到事情，就恨不得立即弄个水落石出，一针扎出血来。其实这不但办不成事，还会把事情弄得一塌糊涂。所谓"欲速则不达"，讲的就是这个道理。聪明人办事，一定是善于观察、巧于布阵、精于摸底，然后在时机成熟时，采取拉网术，把想钓的鱼拉上来。《孙子兵法》中讲求稳之计，重在戒急，即为此道。

04 坚毅者，
必有耐性

很多时候，人生最美的那道风景，可能就在你转弯之后，在你忍耐之后，在你微笑着面对人生的艰难险阻之后。有时候，忍耐也是一种快乐，一种幸福。

从前，有个年轻的小伙子要与情人约会。小伙子性急，来得太早，只好焦急地等待着情人的到来。他无心观赏那迷人的春色、明媚的阳光和娇艳的花姿，心中急躁不安，一头倒在大树下长吁短叹起来。

忽然他面前出现了一个白发长者。"我知道你为什么闷闷不乐，"长者说，"拿着这纽扣，把它缝在衣服上。你要遇着不得不等待的时候，只要将这纽扣向右一转，你就能跳过这段时间，要多远有多远。"

这倒合小伙子的胃口。他握着纽扣，试着一转：啊，情人已经出现在眼前，还朝他笑送秋波呢！他心里想，要是现在就举行婚礼，那就更棒了。他又转了下纽扣：隆重的婚礼，丰盛的酒席，他和情人并肩而坐，周围管乐齐鸣，悠扬醉人。他抬起头，盯着妻子的眼睛，又想：现在要是只有我们俩多好！他悄悄转了一下纽扣：立时夜阑人静……他心中的愿望层出不穷：我们应该有座房子。他转动纽扣：房子一下子飞到他眼前，房子宽敞明亮，迎接主人。我们还缺几个孩子，他又迫不及待，使劲转了一下纽扣：日月如梭，顿时已儿女成群。他站在窗前，眺望葡萄园，真遗憾，它尚未果实累累。偷转纽扣，飞越时间。脑子愿望不断，他又总急不可待，将纽扣一转再转。

生命就这样从他身边急驰而过。还没来得及品尝滋味后果，他已经是风烛残年，哀卧病榻。至此，他再也没有要为之而转动纽扣的事了。

回首往日，他不胜追悔自己的着急失算：我不愿忍耐，一味追求满足，恰如馋嘴人偷吃蛋糕里的葡萄干一样。眼下，因为生命已风烛残年，他才醒悟：即使忍耐，在生活中亦有其意义，唯其有它，愿望的满足才更令人高兴。他多么想将时间往回转一点啊！他握着纽扣，浑身颤抖，试着向左一转，扣子猛地一动，他从梦中醒来，睁开眼，见自己还在那生机勃勃的树下等着可爱的情人，然而现在他已学会了忍耐。一切焦躁不安已烟消云散。他平心静气地看着蔚蓝的天空，听着悦耳的鸟语，逗着草丛里的甲虫。他以忍耐为乐。

人生不可能总是勇往直前、我行我素，必要的时候需要转弯、需要忍耐，忍到时机成熟的时候，可能好运就会降临了。

忍耐是一种心智的锻炼。一个人若是想要拥有高品质的生命，耐心绝对是不可或缺的条件。有一位国内著名的行为心理学专家，40多年来始终坚持一个习惯，每天清晨四点半起床读书。别人问他为什么要这么辛苦，他回答："生命是如此有限，我珍惜每一个阶段，不容许自己有半点浪费。"

没有耐性的人，必定缺乏坚毅持久、克服万难的精神，自然成就不了什么伟大的事业。我们希望将来能有所作为，首先便须磨炼自己的耐心和毅力。

张良出身于贵族世家，祖父曾连任战国时韩国三朝的宰相。父亲张平，也继任韩国二朝的宰相。至张良时代，韩国已逐渐衰落，亡于秦。韩国的灭亡，使张良失去了继承父亲事业的机会，丧失了显赫荣耀的地位，所以他心存亡国亡家之恨，并把这种仇恨集中于一点——反秦。

秦朝末年，相传张良行刺秦始皇失败后，曾经为了逃避秦军追捕，隐匿于下邳这个地方。有一天，张良到外面散步，当他走到沂水桥上时，迎面走过来一位老者，他鹤发童颜、仙风道骨。就在张良观察老者的时候，老者的鞋子掉到了桥下，然后这位老者对张良说："小子，你到桥下把我的鞋子捡上来。"

张良正值年轻气盛，听到这位老者跟他说话的语气毫不客气，心里不由得生起一股怒气，但一看这位老者年老体衰，行动不便，虽然说话的方式生硬了些，但还是决定不跟他计较，给他捡回鞋子。于是张良按捺住火气，到桥下把鞋子捡了回来。

老者又对张良说："小子，帮我把鞋子穿上。"

张良又单膝跪在地上，将鞋子给老者穿上了。谁知，老者一声谢也没说，仰天大笑而去。临走的时候，老者连着说了几句"孺子可教也"，并与张良约好五天后的清晨见面。

张良感到很奇怪，但是五天后，他还是决定与老者见面。第一遍鸡叫时，他就起身来到了桥边，不料老者已经到了，他斥责张良说："你与老人约会还来晚了，五天后再来吧！"这样的事情反复了三次，无论张良起得有多早，那位老者都比他先到，每次都训斥他一通，然后约他下次再去，张良有些气恼，但他是一个有耐力的人，事情没有得到结果之前，他是不肯轻易放弃的。他就不信自己总是比那位老者去得晚，他决定想办法早到。

一天，又到了与老人家约定的时间，张良一夜未睡，半夜就来到桥边。这次，老人却直到黄昏时分才来，老人送给他一本书，并对他说："读此书可成大事。用此书可以兴邦定国，成就大业。"说完，老人就转身离去了。

天亮之后，张良打开书一看，原来是《太公兵法》。从此，张良勤奋研习这本书，刻苦钻研，终于成为一个文武兼备、足智多谋的人。后来张良辅佐刘邦夺取了天下，成为一代名士。

几乎所有的人多多少少都为了害怕"痛苦"而逃避问题。譬如说，该戒烟时而未戒烟、该减肥时而未减肥、该运动时而未运动、该储蓄而未储蓄、该进修而未进修、该工作而未工作……因为，这些事都必须靠良好的耐心才能完成，而他们只想逞一时之快，不愿承担从头开始及按部就班的痛苦。

05 面对挑战，
作为恰当张弛有度

为人处世应该有个标准，大丈夫有所为有所不为，切莫做些损人而不利己的蠢事。

从前，有两位很虔诚、很要好的教徒，决定一起到遥远的圣山朝圣。两人背起行囊，风尘仆仆地上路，发誓不达圣山朝拜，绝不返家。

两位教徒走啊走，走了两个多星期之后，遇见一位白发年长的圣者。这圣者看到两位如此虔诚的教徒千里迢迢前往圣山朝圣，就十分感动地告诉他们："这里距离圣山还有十天的脚程，但是很遗憾的是，在这十字路口我就要和你们分手了。在分手前，我要送给你们一个礼物。什么礼物呢？就是你们当中一个人先许愿，他的愿望一定会马上实现；而第二个人，就可以得到那个愿望的两倍！"

此时，其中一个教徒心里想："这太棒了，我已经知道我想许什么愿，但我不能先讲，因为如果我先许愿，我就吃亏了，他就可以有双倍的礼物！不行！"而另外一个教徒也自忖："我怎么可以先讲，让我的朋友获得加倍的礼物呢？"于是，两位教徒就开始客气起来，"你先讲嘛！"、"你比较年长，你先许愿吧！""不，应该你先许愿。"两位教徒彼此推来推去，"客套"一番后，就开始不耐烦起来，气氛也变了："你干吗！你先讲啊！""为什么我先讲？我才不要呢！"

两人推到最后，其中一人生气了，大声说道："喂，你真是个不识相、不知好歹的人耶，你再不许愿的话，我就把你的狗腿打断、把你掐死！"另外一个人一听，没想到他的朋友居然变脸，竟然来恐吓自己！于是想：你这么无情无义，我也不必对你太有情有义！我没办法得到的东西，你也休想得到！于是，这个教徒干脆把心一横，狠狠地说道："好，我先许愿！我希望——我的一只眼睛——瞎掉！"

很快地，这位教徒的一只眼睛瞎掉了，而与他同行的好朋友，也立刻瞎掉了两只眼睛！

嫉妒与内心的不平衡是人们最大的精神毒瘤，像寓言中说的一样，有一些人看不得别人比自己好，所以往往采取"杀敌一千，自损八百"的互损原则作为自己的处事标准，往往做事总是损人不利己，这便是人生不该所为的事情。

相反，倘若我们能够将心打开，用一种互惠互利的原则来处理问题，便不难达到一种双赢，这也是人生应该所为的。

人们往往在这种"有所为有所不为"中找不到一条真正的出路，所以最终免不了伤害到到自身的利益。

战国时代，孟子的名气很大，每日府上都宾客盈门，其中大多是慕名而来求学问道、请求签名者。这一天，接连来了两位神秘人物，一位是齐王的使者，一位是薛国的使者。对这种人物，孟子自然不敢怠慢，小心周到地接待他们。

齐王的使者带来赤金100两给孟子，说这是齐王所赠的一点小意思。孟子见没有下文，便坚决拒绝了齐王的馈赠。使者只得灰溜溜地走了。

第二天，薛国的使者也来求见。他给孟子带来50两金子，说是薛王的一点心意，感谢孟先生在薛国发生兵难的时候帮了大忙。孟子吩咐手下人把金子收下。左右的人都十分奇怪，不知孟子葫芦里装的是什么药。

陈臻对这件事大感不解，他问孟子先生："前天齐王送你那么多的金子，你不肯收，今天薛国才送了齐国的一半，你却接受了。如果你前天不接受是对的话，那么今天接受就是错了，如果你前天不接受是错的话，那么今天接受就是对了。二者必居其一啊！"

孟子回答说："都对。在薛国的时候，我帮了他们的忙，为他们出谋设防，终于平息了一场战争。我也算个有功之人，为什么不应该受到物质奖励呢？而齐国人平白无故给我那么多金子，是有心收买我，君子是不可以用金钱收买的，我怎么能收他们的贿赂呢？"

左右的人听了，都十分佩服亚圣的高明见解和高尚的操守。

俗话说：君子坦荡荡，小人常戚戚。在财利面前不为所动，才是君子的操守。所谓"无功不受禄"。属于自己的东西才是自己的，对于那些不属于自己的东西千万不要去强求，这才是为人处世的根本之道。如果不顾一切地去强求，最后受伤害的只能是自己。

06 大智者，
若愚也

真正聪明的人能够权衡事情的利弊，不会做一些"丢西瓜捡芝麻"的傻事的。

有一个村庄由于四面临水，所以村子里的人都十分善于游泳。他们出门都要坐船才行。有一天，突然来了风浪。有一条船正载着人们渡水，便被这突如其来的风浪打翻了。船上的五个人都落水了。由于他们都会游泳，便奋力向岸边游去。其中有一个人游得很费劲儿，远远地落在了其他人的后面。别人招呼他，让他快点儿游，这个人对别人说："我已经很拼命地划水了，可是我怀中有百两黄金，没有办法游快！"别人让他把黄金扔掉，赶快游到岸上保命。这个人只是拼命划水，却不把黄金扔掉。

其余的人已经游到了岸上，看到这个人距岸还很远，而且越游越慢，显然已经精疲力竭了。就对他大喊："连命都要保不住了，还留着黄金做什么！快丢掉，赶紧游过来，要不然一会儿就来不及了！"而这个人根本听不进劝告，最后实在是没有力气了，才不得不丢掉了黄金，但他再也没有能游到岸上去的力气，结果还是被淹死了。

当有一些人生取舍的时候，人们往往总是会选择那些最廉价最没有价值的东西，反而丢掉了最珍贵的东西，就像故事中说的，生命与金子孰重孰轻，只要不是愚人都能分辨清楚，如何做，这就是智者与愚人最大的区别了。

公元前五世纪，在今天的苏杭一带，有吴、越两国。两国虽然相邻，但是为了争夺霸业，互不相让，相互对抗。后来，越王勾践败于吴王夫差之手，不得不逃亡会稽山，忍辱负重与吴国谈和。在几经交涉后，吴国才答应让勾践回国。勾践回国后一直记着所受的耻辱，卧薪尝胆，立誓雪耻。二十年后，终于灭亡吴国。而帮助越王成功的就是范蠡。范蠡不但是一个忠心耿耿的臣子，而且是一个理智的智者。

范蠡被任命为大将军后，自忖：长久在得意之至的君主手下工作是危机的根源。勾践这个人臣下虽然可以与他分担劳苦，但是不能与他共享成果。于是他便向勾践表明自己的辞意。勾践并不知道范蠡的真实意图，于是拼命挽留他。但范蠡去意已定，搬到齐国居住，自此与勾践一刀两断，不再往来。移居齐国后，范蠡不问政事，与儿子共同经商，很快成为富甲一方的大富翁。齐王也看中他的能力，想请他当宰相，但他婉言谢绝。他深知"在野而拥有千万财富，在朝而荣任一国宰相，这确实是莫大的荣耀。可是，荣耀太长久了反而会成为祸害的根源"。于是，他将财产分给众人，又悄悄离开了齐国到了陶地。不久后他又在陶经营商业成功，积存了百万财富。可见范蠡才智过人，并具有过人的洞察力。

聪明才智之士，能上能下，能屈能伸，能进能退。达则兼济天下，穷则独善其身。进居庙堂之高，退出江湖之远，都能安身立命，得其所哉。要做到这一点，做事就要留有余地，预为退步。一往无前，义无反顾，破釜沉舟，置之死地，不得已用于一时一事则可，而不分场合地用于一生一世，则非智者所为。

07 外力借来，
也可以巧用

"借别人的智慧为自己所用"。不论是你认识的还是不认识的，只要你会借，能够使他们心甘情愿地帮你做事，做到"毕其智为己所用"，就一定能够心想事成。

狗和公鸡成为了朋友，有次它们要出门，便结伴而行，晚上到来时，公鸡便飞到了一棵树上栖息，而狗就在树下面的洞里休息。

第二天早晨，公鸡还是一如既往地，站到树上打鸣报晓。附近的一只狐狸听到了叫声，便跑了过去想美餐一顿，但见到公鸡在树上，便对公鸡说："你快飞下来吧！歌唱家，你唱的太动听了，我想更近距离地欣赏你那美妙的嗓音。"

公鸡识破了狐狸的诡计，假如自己下去肯定会被吃掉，于是灵机一动，便对狐狸说："你去把睡在树下的那个看门儿的叫醒了，我好下去。"狐狸为了尽快饱餐一顿，便真的去找那个"看门的"，结果狗冷不防地跳出来，扑向狐狸，把狐狸撕成了碎块。

仔细观察你就会发现，在现实生活中，有许多成功者也是靠别人的力量，在他人的帮助之下成功的，寓言中的公鸡无疑就是现实中的这类人。

人不可能一生下来就大名鼎鼎，一出山就风光耀眼，一呼百应。他们大多都是先隐蔽在某些大人物的后面，借贵人的面目来笼络各路豪杰，借贵人的声望来壮大自己的声势，一旦时机成熟，或者另起炉灶，或者站在别人的肩膀往上爬，或者反客为主，把别人吃掉。在做到这一步之前，先把自己的狐狸尾巴藏起来，拉一面大旗作虎皮。总之，不管他们是怎么成功的，借力在他们的人生中都起到了很大的作用。

伍子胥名字叫伍员，本是贵族出身，他的先人伍举在楚庄王时即已显贵。他父亲伍奢是太子太傅，费无忌是太子少傅。楚王让他们二人共同辅佐太子建。太子建身边的这两位恰恰是一忠一奸。伍员的父亲因为忠于太子建而最终赴死，费无忌却因为出卖太子建而得到昏庸君王的宠幸。

楚平王要为太子建娶媳妇，可是费无忌却找寻到为自己邀宠的机会。他对太子建不忠，竟然将本应为太子迎娶的秦女奉献给楚平王。费无忌是十足的小人，他不仅跳槽到楚平王身边，还谗言太子建谋逆。太子太傅伍奢力劝楚平王，不要因为谗贼小人而伤害了骨肉亲情。楚平王哪里听得进去？太子建逃亡到宋国，伍奢因为忠于太子而被囚。费无忌的心病仍未消除，他深知伍奢的两个儿子都很贤能，不诛杀将会危及自己的生命。昏庸的楚平王再一次听信谗言，要求伍奢将两个儿子招来一同处死。有道是知子莫如父，伍奢深知自己的两个儿子，伍尚为人忠义，他随父同死是没问题的；但伍员为人刚戾忍诟，能成大事，不会生而就擒。果然伍员对其兄伍尚说："不如奔他国，借力以雪父之耻。"

伍子胥逃到了楚国，以图报仇。经过许多周折，伍子胥终于出昭关而至吴，受到吴国公子光的信任，伍子胥向公子光推荐勇士专诸，为公子光刺杀了吴王僚，公子光于是自立为吴王，即为阖闾。此后伍子胥便被聘为行人（官名，掌管朝觐、聘问、出使等事务），参与国政。

由于他具有相当的将才，因此屡次大破楚军，而在最后终于陷落楚的都

城时，本为其复仇对象的楚平王——也就是那个杀了其父兄的人物——却早已
埋身于坟墓之中。气愤的伍子胥就破坏了他的坟墓，把楚平王的尸体拿出来加
以鞭打。

"借力"不仅是打开财富大门的钥匙，更是每个渴望成功、想要成功的
人所必须学会的。或许你应当自食其力，但如果你同时懂得借助他人的力量，
就可以无所不能、无往而不胜了。

08 锻造一副
好的性格

良好性格本身具有魅力，只不过是没有发挥出来而已。培养良好性格，关键
就在于压榨。就如花生有着层层包裹一样，人的性格世界带有十分模糊的特征。

有人问一位智者："请问，怎样才能成为一个受欢迎的人呢？"

智者递给他一颗带皮的花生："闻得见香吗？"那人摇头。

智者说："用力捏捏它。"

那人用力一捏，花生壳碎了，只留下了花生仁。

智者问："香吗？"

"有一点。"

"再搓搓它。"智者说。

那人又照做了，红色的皮被搓掉了，只留下白果实。

"香吗？"

"比刚才要香一些。"

"把它放进榨油机里。"智者说。

于是，榨油机的端口流出了芳香四溢的花生油。

那人连连赞叹："好香啊！"忽然，他笑了："现在我明白了，要受人欢迎，就要让自己散发出香气来。"

智者微笑，不语。

花生的香来自对它的挖掘，当我们不断地挖掘出花生的时候，花生内在的香才能得以释放，人也是如此，我们要善于在生活中不断地完善自己，加强自我修养，让自己的人生绽放出如压榨花生一般的香气。

每年的12月1日，纽约洛克菲勒中心前面的广场，都会举办一次为圣诞树点灯的仪式。硕大的圣诞树堪称完美，据说它们都是从宾夕法尼亚州的千万棵巨大的杉树中挑选出来的。

一位画家深深地被圣诞树的完美吸引住了，他带领自己所有的学生去写生。"老师，你以为那巨大的圣诞树真的那么完美吗？"一个中年女学生神秘地笑道。

画家十分奇怪："千挑万选，还能不完美吗？"

"多好的树都有缺陷，都会缺枝子、少叶子，我丈夫在那里当木工，是他用其他枝子补上去，才令这些圣诞树看上去如此完美的！"

画家恍然大悟：一切完美的事物都源自于修补。

自我修养在个人性格的发展过程中起着非常重要的作用，它是教育的补充力量，也是良好性格的发展方向。玉不琢，不成器，一个人的性格，不经认真的自我修养，不可能自然而然地达到理想的境界。伟人也好，庸人也罢，任何人的优良性格都是在后天的实践过程中，不断进行自我修养的结果。

09 善于经营自己的长处，
而不是短处

"梅须逊雪三分白，雪却输梅一段香。"人生的诀窍就在于发现自己的长处，找到发挥自己优势的最佳位置。

有一个小男孩很喜欢柔道，一位著名的柔道大师答应收他为徒。然而，还没有来得及开始学习，小男孩就在一次车祸中失去了左臂。那位柔道大师找到小男孩，说："只要你想学，我依然会收你做徒弟的。"于是，小男孩在伤好后，就开始学习柔道。

小男孩知道自己的条件不如别人，因此学得格外认真。三个月过去了，师傅只教了他一招，小男孩感到很纳闷，但他相信师傅这样做一定有自己的道理。

又过了三个月，师傅反反复复教的还是这一招，小男孩终于忍不住了，他问师傅："我是不是该学学别的招术？"师傅回答说："你只要把这一招真正学好就够了。"又过了三个月，师傅带小男孩去参加全国柔道大赛。当裁判宣布小男孩是本次大赛的冠军时，他自己都觉得不可思议。只有一条手臂的他，第一次参赛就以唯一的一招打败了所有的对手。回家的路上，小男孩疑惑地问师傅："我怎么会以一招得了冠军呢？"师傅答道："有两个原因：第一，你学会的这一招是柔道中最难的一招；第二，对付这一招的唯一办法是抓你的左臂。"

世界上没有绝对的废物，只要找到勇敢出击的突破口，谁都是可用之材。而对每个人来说，自身的缺陷在某种情形下正是自身的优势所在，而这种优势是独一无二的，别人无法模仿的。

韩寒上高中时，是个名副其实的坏孩子。他叛逆，谈恋爱，考试七科，只有语文及格。于是，他了解到，学习并不是他的长处，他开始从文学方面发展自己，先后发表了《零下一度》和《三重门》。一夜之间，全国人民都知道了这位少年，无数学子将之当作自己的偶像，于是韩寒变成了大家的好孩子，没有因为他考试不及格而对他品头论足了。假使韩寒没有发现自己的才能，也许他此时已成为一个过街老鼠，早被淹没在众人的口水里，成为老师口中的反面教材了，与今天的成绩是天壤之别。

发现自己的优点，即使你只是半截牙签，你也会发出光与热。因为上帝给你关上大门的同时，一定会给你打开一扇窗。只要打开那扇窗，阳光就会洒满心房，照亮七彩的人生。

"尺有所短，寸有所长"，每个人都有自己的长处。如果你能经营自己的长处，就会给你的生命增值；反之，如果你经营自己的短处，那就会使你的人生贬值。

10 少说多做，
别人才会服

在你自己筹划人生之路的时候，一定要让自己"眼高手低"，志当存高远，却要不急不躁从小事情做起。

从前，在一个不算太大的农场里，住着两只公鸡和一群母鸡。

俗话说"一山难容二虎"，可现在却是"一场难容二鸡"，两只公鸡为了领地及所有的母鸡而打得是昏天暗地，在经过激烈的搏斗以后，他们终于分出了胜负。

落败的公鸡灰溜溜地躲在墙根下暗生闷气，而获胜的公鸡则飞上了高墙振翅高歌，庆祝自己成为农场的霸主。正在它得意的时候，一只饿极的鹰发现了它，一把就抓住了它。经过这场突变，落败的公鸡自然而然成为了农场的霸主，也不怕有谁再来和它争位置了。

有很多时候，低姿态未必是坏事，往往低姿态的人能够在最终取得成功，那些嚣张跋扈唱高调的人往往都是最终的失败者。

小孙在广告公司谋事，由于年轻易冲动，总以为自己应该占头等，所以心高气傲的他总是在不经意间就得罪了经理。于是，在以后的日子里，每次开会他都自然而然成为会议的第一个主题——挨批。被批得面目全非的他，真想一走了之。但他转念一想，如果真的走了，一些罪名不光洗不清，而且会被蒙上厚厚的污垢；再者，这是一家很有名气的广告公司，自己完全可以从中源源不断地得以"充电"。

于是他坚持留了下来，整理好乱七八糟的心情，低头实干，以兢兢业业的工作来为自己疗伤，以实实在在的业绩回击谎言。一笔又一笔的业务，增添了他的信心，也让他积攒下了许多经验财富。这就是人站在高处容易被"削"，埋头干活却有所成就的典型。

人不怕被别人看低，而怕的恰恰是人家把你看高了。看低了，你可以寻找机会全面地展现自己的才华，让别人一次又一次地对你"刮目相看"，你的形象会慢慢地高大起来。可被人看高了，刚开始让人觉得你多么的了不起，对你寄予了种种厚望，可你随后的表现让人一次又一次地失望，结果是被人越来越看不起。

11 要想飞得更高，
必须躬下身来

物体要吸收热量，首先得冷却；人要跳跃，首先要蹲下。冷却和蹲下不是目的，目的是为了变得更热和跳得更高。同样放低自己并不是我们所追求的目的，目的是加重成功的砝码。

一个满怀失望的年轻人千里迢迢来到法门寺，对住持释圆说："我一心一意要学丹青，但至今没有找到一个能令我满意的老师。"

释圆笑笑问："你走南闯北十几年，真没能找到一个自己的老师吗？"

年轻人深深叹了口气说："许多人都是徒有虚名啊，我见过他们的画帧，有的画技甚至不如我。"

释圆听了，淡淡一笑说："老僧虽然不懂丹青，但也颇爱收集一些名家精品。既然施主的画技不比那些名家逊色，就烦请施主为老僧留下一幅墨宝吧。"说着，便吩咐一个小和尚拿了笔墨纸砚来。

释圆说："老僧的最大嗜好，就是爱品茗饮茶，尤其喜爱那些造型流畅的古朴茶具。施主可否为我画一个茶杯和一个茶壶？"

年轻人听了，说："这还不容易？"于是调了一砚浓墨，铺开宣纸，寥寥数笔，就画出一个倾斜的水壶和一个造型典雅的茶杯。那水壶的壶嘴正徐徐吐出一脉茶，注入到了茶杯中。年轻人问释圆："这幅画您满意吗？"

释圆微微一笑，摇了摇头。

释圆说："你画得确实不错，只是把茶壶和茶杯放错位置了。应该是茶杯在上，茶壶在下呀。"年轻人听了，笑道："大师为何如此糊涂，哪有茶壶往茶杯里注水，而茶杯在上茶壶在下的？"

释圆听了，又微微一笑说："原来你懂得这个道理啊！你渴望自己的杯子里能注入那些丹青高手的香茗，但你总把自己的杯子放得比那些茶壶还要高，香茗怎么能注入你的杯子里呢？"

人们都知道，只有从山脚下攀登才能到达山顶，只有从起点起步才能到达成功的彼岸。诸葛亮懂得放低自己，虽躬耕于山林不也同样修得满腹韬略，成就了日后蜀国霸业。亚伯拉罕·林肯懂得放低自己，虽鞋匠出身不也成为受人景仰的美国总统吗？所谓智慧，并不是把自己摆在一个很高的位置让自己飘飘其然，而是来到低处以一种谦卑的心去仰视芸芸众生。放低自己，就是通常所说的低调做人。它是一个心态问题，也是对自己人生价值的估量问题。自觉非同一般、高人一等，便会放不下架子，也夹不住尾巴，只能颐指气使、俯视于人。只有把自己当成一个平凡人、不比别人在某方面强，才会与人平等、看人平视、待人平和。

唐代诗人王维，他在年轻时就很有名气，他也因此显得十分高傲。当时，科举考试盛行舞弊作假之风，如果应试之人没有权贵推荐，是很难高中的。因为这个缘故，读书人纷纷找权贵做靠山，千方百计讨取他们的欢心。

王维是个有骨气的人，他认为这样做有失读书人的身份，他还当面对人说："考试要靠真本事，读书人不能走旁门左道。国家选用人材是大事，如果就这样形同儿戏，对国家是大不利的。"

王维坚持苦学，没有托请，结果第一次考试就落第了。相反，那些有关系的虽不如王维学问好，却都高中了。

这件事对王维打击很大，他变得沉默寡言了。这时，王维的朋友对他说："科举的风气不正，这是不争的事实，你能改变得了吗？你要想高中，就该知道你不中的原因，从而对症下药，着手解决，这样才有希望。你的学识是不差的，关键是你没有结交权贵，补上这一课中个状元也不是难事。"

王维承认他说的不错，从此放下自尊，出入权贵之家。他不仅诗写得好，而且音乐才能也十分出色，特别是他的弹琵琶绝技，那是无人能比的。岐王对王维十分赏识，他又把王维介绍给极有权势的太平公主。在拜见太平公主之前，有人提醒王维说："公主爱好音乐，只要你让她高兴了，天大的事都能办到。你一定要卖些气力，千万不要搞砸了。"

王维记在心上，很费了一番脑筋。在拜见太平公主时，他使出所有的本事，把琵琶弹得动人心魄，格外好听。公主听完十分高兴，连连叫好。

王维趁机又把自己的诗作献上，还恭维说："公主的才能，天下无人不知，有幸得到公主的教导，我现在即使死了，也没有遗憾了。"

太平公主更加高兴。岐王在旁也替王维美言，求公主帮助王维科举高中。后来，有了太平公主的关照，王维高中状元，实现了多年的梦想。王维掌握了科举的命脉，这才屈尊权贵，结果顺利地达到了心愿。这不是王维的过错，只是封建社会对人性扭曲的写照罢了。他的一首曲子比万卷书还管用，他找到了成就功名的一条捷径。

放低自己，会不会真的使自己变矮？当然不会。放低不是降低，更不是贬低。相反，低调做人、潜心做事的人不但不会降低他的社会价值和社会地位，反而会得到社会更广泛的承认和人们更普遍的尊重。因为，有一则谚语说得好："口袋里装着麝香的人不会在街上大吵大嚷，因为他身后飘出的香味已经说明了一切。"

12 自立自强的人，从来不惧批评

激励自己一生的或许只有那么一句话，找到这句话，并时刻放在心间。

古代有个人非常善于射箭，他箭术高超，对百步之内的物体百发百中。

有一天晚上，他因有事回家晚了，在穿过树林时发现树丛之间有一团黑糊糊的东西。当时天色已黑，看不清楚到底是什么，便以为是一只卧在那儿的老虎，急忙搭弓向那一团黑影射去。箭射过去以后，既没有听到老虎的叫声，也不见老虎扑出，于是他小心翼翼地走过去，检查到底那是什么东西。走近了才知道，哪里是什么横卧的老虎！原来是一块大石头被低矮的树木包住了，黑黑的很像卧着的老虎。值得奇怪的是石头上居然插着他刚才射过来的箭，并且半根尖杆已经没入了石头之中。他暗暗吃惊自己居然能把箭射到石头之中，为了再次验证一下这种本领，他又退回到刚才射石的地方，使足力气连放数箭，结果箭被四处反弹，没有一支再能射得上。

他哪里知道当他以为石头是老虎的时候，他想的是用最大的力气把老虎射死否则他便会丧生，因此激发了身体的潜能才将箭射入石头。当他知道是石头而不是老虎以后，当然就激发不出这种力量了。

人生在做许多事情的时候往往会由于信心不足而无法成功，这确实是人们普遍存在的问题。倘若人们在做一些自认为难以完成或者超越自身能力的事情的时候，不妨给自己一些激励，通过一些积极的思维，来增强自己战胜困难及激发自身潜力的能力，让自己更强大，更有信心。

当然，除了自身激励之外，如果能够收到外界的些许激励也是很好的办法。

马尔康姆·达柯夫，48岁，过去24年一直靠写作为生，主要是撰写广告。

达柯夫小时候生性怯懦害羞，缺乏自信，没有什么朋友。1965年10月里的一天，他的中学老师布罗赫太太吩咐学生写一篇作文，达柯夫写好后就交了卷。如今他已不记得当年他写的文章有什么特别之处，他只记得——他会一辈子都记得——布罗赫太太批在作业上的评语："写得很好。"这一句话就改变了他一生。

"看到那4个字以前，我不知道自己有什么长处，也不知道自己将来要做什么，"他说，"看了她写的评语，我回家就写了个短篇故事。其实我很久以前就想写作，只是我从不相信自己能做得好。"

那一学年余下的时间里，他写了许多短篇故事，总是一写好就带回学校去请布罗赫太太评阅。她鼓励他，鞭策他，坦率地指出他的错误。

"她正是我所需要的导师。"达柯夫说。然后他当选为中学校报的编辑。他的信心逐渐加强，胸襟也一天天开阔，就此开始了愉快而有意义的人生。

达柯夫深信，要不是布罗赫太太批了那4个字，以后的这一切是不可能发生的。

我们在人生道路上难免会有坎坷和挫折，这时候，我们最需要的是听到一点鼓励和赞扬，有时仅仅是一句激励的话也能让我们看到希望并振作起来。相反，如果受到了批评或指责，却可能常留心中，隐隐作痛。多给别人一些赞美，可能是他人生的转折点。

13 凡事预则立，
不预则废

凡事预则立，不预则废。不穿防弹衣就上战场，你应该想到会有怎样的后果。

一群蚂蚁正合力把一大块儿食物往巢里搬，它们互相鼓励："兄弟们，那边还有许多食物，我们加把劲快点儿将这块运回去，再去运其他的！我们要储备许多的食物让我们过一个舒服的冬天。"于是蚂蚁们加快了它们的步伐。

看到在炎热的夏季还在辛勤劳动的蚂蚁，站在树枝上乘凉的麻雀劝它们说："你们休息会儿吧！大热的天在树下乘会儿凉，听听我唱歌再干吧！"蚂蚁们没有理它，依然忙忙碌为过冬储备食物，而麻雀却尽情地游玩和歌唱。

寒冷的冬天终于来临了，大地上一片光秃秃的，很难找到食物。蚂蚁们在温暖的巢里，品尝着自己储备的食物悠闲地聊着天。一天，蚂蚁听到了敲门声，打开门一看，原来是麻雀。可怜的麻雀四处找不到食物快饿死了，便想起了夏天忙碌的蚂蚁，想过来要点食物吃。蚂蚁们对它说："在我们劳动时你却只知道玩耍，现在知道冬天难度过了吧！我们可不会可怜你这个只贪图享受，不为将来打算的家伙！"

寓言中的蚂蚁们，正是掌握了一年四季的变化规律，在寒冷而又不容易找到食物的冬季到来之前，提前储备了过冬的粮食，才能在逍遥自在中将其度过。

孙子曾说："夫未战而庙算胜者，得算多也；未战而庙算不胜者，得算少了。多算胜，少算不胜，而况于无算乎？"

要想把握自己的人生，制造甜美的尽如人意的生活，就必须设定明确的目标，做到未雨绸缪，有的放矢。同时，你要必须为它而努力，确信有能实现的宏伟蓝图。

美国汽车大王亨利·福特是世界名人，他的伟大始于他的目标远大。他在自传中写道：我将为广大群众制造一种汽车，它大得足够一家人乘坐，但也小得只要一个人维护就够了。它是按照现代工程技术设计出的最完美的图样，然后用质量最好的材料、雇用最优秀的人员制造出来的。但是它的价钱很低，以至于工资不高的人也能买上一辆——并与其家人在上帝所赐予的广阔天地里享受快乐的时光。

目标确定以后，福特先生就开始了他事业的毕生追求。

1987年6月6日，亨利·福特先生离开了他为之奋斗、追求了大半生的汽车事业。美国各大报纸纷纷发表讣告和文章，表示对他的深切悼念。其中美国《纽约时报》写道……当他来到人世时，这个世界还是马车的时代。当他离开人世时，这个世界已经成了汽车世界。他为"大众"造车，大众既是熟练机械师亨利·福特的受益人，也偶然成为使他受益的人。

成功的道路是目标铺成的，设计人生的第一步，无疑应是为自己找一个明确的目标。

目标是一种目的，一种意向，是一个引导着我们不断奋斗的梦。目标不是模糊的意念，"我希望我能"，而是清晰的信念，"我要那么做！" "除此之外别无他想"。

14 业精于勤，
还须谨记于心

勤奋是事业成功的关键。只有无止境的追寻，才能到达成功的彼岸，领略无限风光。

唐代著名的大诗人李白小的时候，很贪玩，读书很不认真。

有一天李白在回家的路上，碰到了一位上了年纪的老奶奶，老奶奶正拿着一根生锈的铁棒，在一块石头上磨来磨去。他很纳闷老奶奶磨一根铁棒做什么，便问："老奶奶，你拿着铁棒在石头上磨，准备做什么用？看您这么费劲儿，要不我来帮你吧！"老奶奶看了他一下，笑呵呵地对他说："我想磨一根针出来，你帮不上忙的，还是我自己来吧！"李白非常惊讶，便问："那您要磨到什么时候才能磨成呀！"老奶奶对他说："只要我每天坚持不懈地磨，终有一天会磨出来的！"

李白摸摸脑袋想了想，从老奶奶的做法中悟出了一些东西，引发了继续读书的念头。当他再回到私塾后读书非常刻苦，这为他成为一代大诗人打下了坚实的基础。

"勤奋"是工作成功的灵魂。唯有付出80%的勤奋和努力，才能有80%的成功率；而20%的付出，也只能得到20%的回报。

德国有机化学家卡尔·波斯获得博士学位后，导师就告诫他说："你虽然取得了博士学位，但你缺少实际经验，要想在未来有所发展，你必须有足够的经验，他告诉波斯你首先要抓紧实践，然后再作深一步的研究，那时你才能得心应手。"波斯虚心地听取了导师的劝告，离开实验室，去获取实际经验。他从事过木工、技师、化验员和工程师，熟悉了各种工厂的设备和运输过程，为以后成为杰出的工业化学家打下了坚实的基础。

从20世纪初他进入化工界后，就开始了寻找合成氨的理想催化剂，他组织了180多名专家和1000多名助手，花了3年时间，做了2万次实验，终于获得了成功。又经过3年时间，催化剂正式投产，这一成果使合成氨成为化学工业中发展最快、最活跃的部门。1931年，波斯荣获诺贝尔化学奖。

即使天生愚钝的人，只要真诚地投入到事业中去，也能创造出人间奇迹。中国有句俗话"笨鸟先飞早入林"。只要付出了，总会有回报的。事实上，我们的事业也很少允许我们投机取巧。

15 做事有始有终，
方成气候

路漫漫，困难重重，若想能得到日后的成功喜悦，我们首先就要拥有那种善始善终地坚持。

朋友大学毕业后，和几位同窗一同应聘到一家电子公司，试用期间，朋友和他的同窗兢兢业业，勤勤恳恳，生怕一失足而成千古恨。

转眼月底就要到了，朋友也开始为自己的去留问题忐忑不安起来。果然，三个月期满的前一天临近下班，业务主管就通知他们几个说："对你们的考查结束了，明天下班前你们就可以到财务处结账去了！"

"为什么？"

"不为什么，考察的结果就是这样！"业务主管两手一摊，一副爱莫能助的样子。

朋友及他的几个同窗当时就傻了——让他们去财务处结账，这不明摆着要他们明天一下班就走人吗？

走就走吧，朋友心想："也许我们还不是人家公司的最佳人选。"这样一想，朋友心里就释然起来了。

然后和往常一样处理着手边的工作，有的时段别人忙不过来，他仍跟以前一样上前热情地帮一把。而朋友的几位同窗，则绝望地坐在那里。

第二天一上班，情况就更糟了，除了朋友正常上班之外，其他的几位同窗都去得比较晚，而且他们一上班便开始收拾自己的东西，一副随时准备离开的样子。

临近下班，业务主管通知让去财务处领取工资。在走出接待室的一刹那，业务主管对朋友说，"你不带好你的东西吗？"

"不，因为还没到下班时间。"朋友回答。

领完工资后，朋友的几位同窗叫嚷着对朋友说："晚上一起去一醉解千愁。"然后就转身离开了那家公司。

朋友则回到了工作室，没过多久就到了下班时间。作为临行前的道别，朋友很有礼貌冲着业务主管打了个招呼，便走到自己的座位前开始收拾自己的东西。

这时，业务主管走过来按住朋友正在收拾的东西说："你要干吗？"

"你不是让我们结账走人吗？"朋友一脸茫然道。"你说过的，因为还没到下班时间，所以明天你还要接着上班！"业务主管诚恳地说。

"这么说，你让我留下了？他们几个也可以留下吗？"朋友有些不敢相信自己的耳朵兴奋地问道。

"他们几个不是已经下班了吗？假如结账也算考验的话，则能考出你们每一个人的真实素养。"

的确，这次考验考出了个人的真实素养，朋友善始善终的工作，得到了事业方面的小成功。

刘心武曾经写过一篇《起点之美》的文章，他呼吁人们不要太注重结果，更要关注起点一刹那所迸发出的美丽，注重奋斗路上的那种善始善终的坚持。是的，不论是起点还是终点，它们都是美丽的。然而更美丽的是"奋斗路上的那种坚持不懈"。即使起点再怎么美丽，没有奋斗路上的那种善始善终的坚持，终点的美丽终究是想象中的美丽罢了，起点之美也会因此变得暗淡。

众所周知，程咬金家住山东历城斑鸠镇，年轻时，他身长力大，性情莽撞，喜欢闯祸，动辄与人厮打，当地人个个怕他，都唤他"程老虎"。后因寻衅打死了一个捕快，问成大罪，缓决在狱。三年后逢隋炀帝大赦天下，得以出狱。但家贫如洗，生活无着，被尤俊达收留合伙打劫。尤俊达送给他一把64斤重的宣花斧，还教他斧法，但程咬金总是记不住，学了后面，忘了前面。最后，他总共就学会了三招。即使如此，因程咬金身强力壮，勇力过人，有了这把神斧，也如虎添翼一般英勇。

不过，程咬金如果遇上了能躲过他前三斧的人，就得赶快逃命，不然很可能就要吃亏了。有一次，秦王李世民杀了窦建德后，窦手下的元帅刘黑闼兴兵犯关，要给窦建德报仇。他聘请了四位王子共破唐兵，其中三王手下的将帅武艺平平，屡败于唐兵。但南阳王朱登却谋略过人，武艺超群，唐兵很难制服他。

一天，朱登到关下挑战，程咬金也不知朱登底细，自告奋勇去迎敌。两人互报姓名后，程咬金嚷道："呀！你叫朱登乃是野种，不要走，看爷爷的斧吧！"说罢，他当头就是一斧劈下，朱登把枪一架；程咬金又一斧砍来，朱登大叫一声："呵呀，好一员勇将！"话未了，程咬金猛地又是一斧，把朱登劈得汗流浃背，朱登见程咬金如此厉害，心中发慌，正待要逃。程咬金又一斧，朱登发现第四斧没有力量，第五斧、六斧更是无力。朱登大笑道："原来是个虎头蛇尾的丑鬼！"朱登挺枪来战，那程咬金便只有招架之功，而无回手之力了。朱登趁势拦开程咬金劈来的斧头，扯出鞭来，打中了程咬金右臂，程咬金大叫一声"唉呦，小杂种，打得你爷老子好厉害"狼狈地逃进了关，惹得众人大笑。

程咬金不能善始善终，只学会了三板斧。在这次战役中正是由于这个缘故，若不是跑得快小命也就交代了。

任何一件事都会有开始和结局，那为什么有的事情尽管开始不完美，却能得到完满的结局；而有的事情尽管有的开始很完美，结局却不理想呢？这就验证了老子的一个人生智慧："慎终如始，则无败事"——一旦作出了选择，就应该做到善始善终，那样就不会出现失败的结果了。

16 力戒娇气傲气，让人心悦诚服

内敛，可以说是我们为人处世的传统方式。不以物喜，不以己悲，是一种内敛；智欲圆而行欲方，也算一种内敛；凡事不张扬，得意不忘形，富足时不骄矜，位卑或者贫穷时也不谄媚，更是一种内敛。

两艘正在演习的战舰在阴沉的天气中航行了数日。

入夜后不久，船桥一侧的瞭望员忽然报告："右舷有灯光。"

船长询问光线是正逼近或远离。

瞭望员答："逼近。"这表示对方会撞上来，后果不堪设想。

船长命令信号手通知对方："我们正迎面驶来，建议你转向二十度。"

对方答："建议贵船转向二十度。"船长下令："告诉他，我是船长，转向二十度。"

对方说："我是二等水手，贵船最好转向。"

这时船长已勃然大怒，他大叫："告诉他，这里是战舰，转向二十度。"

对方的信号传来："这里是灯塔。"

结果，船长的船改了道。

战舰在海中固然有着它的霸主地位，是任何小船小艇都无法比拟的，所以做船长的自然骄傲、蛮横，然而他却忘了一点，战舰并非无敌的，该让步的时候，也应该学会让步才行，否则只有遭受悲惨的结局。

这就好比有才能的人不一定是幸福的人一样。因为才能不仅能带来荣耀，更能导致灾难。才能让人羡慕，也让人嫉妒。才能出众如同树大招风，心胸狭窄的无能之辈总是与有才能的人为仇的。因此，有才能的人更应懂得内敛的重要性、懂得如何去运用它。

唐代大诗人白居易才高八斗，刚直耿介。他在朝为官时，许多无才无德的小人就重点攻击他。

一次，唐宪宗召见白居易，对他说："你诗名很大，为人忠直，不像是个奸诈之人，可为什么总有人弹劾你呢？"

白居易说："皇上自有明断，我说什么也是无用的。不过依我看来，我和那帮人道不同不相为谋，一定是他们嫉恨我的才华忠直。否则，我和他们无冤无仇，他们为什么会无端诬陷我呢？"

白居易自知难与小人为伍，却不屑掩饰锋芒，他对那些无能之辈常出口讥讽，绝不留半点情面。

一次，朝中一位大臣作了一首小诗，奉承他的人不在少数。白居易看过小诗，却哈哈一笑，说："如果说这是一首好诗，那么天下人都会写诗了。"

事后，白居易的一位朋友劝他说："你身处官场，不应该当众羞辱别人。你不是和朋友谈诗论道，在朝堂上若讲真话，人家只会更加恨你了。"

白居易说："我最看不惯不懂装懂之人，本来我不想说，可还是压抑不住啊。"白居易自恃有才，说话办事往往少了客气。他对皇上也大胆进言，只要他认为不对的事，他就直言上谏，全不顾任何禁忌。

河东道节度使王锷为了晋升官职，大肆搜刮百姓，他向朝廷献上了很多财物，唐宪宗于是准备让他当宰相。

朝中大臣都没有意见，只有白居易站出来反对。唐宪宗生气地说："你是个才子，就该与众不同吗？你每次都和我唱反调，你是何居心呢？"

皇上发怒了，嫉恨他的小人趁势说他恃才傲物，目中无人。一时，白居易的处境更加恶劣，格外孤立。

大臣李绛同情白居易，劝他收敛锋芒，说："一个人如果因为才高招来八方责难，他就该把自己装扮得平庸了。你的见识虽深刻远大，但不可显示出来，你为什么总也做不到呢？这也是为官之道，不可小看。"

最后，白居易还是因为上谏惹祸，被贬出朝廷。白居易的才能人所共知，他尽忠办事，见解高明，却不能建功，只因他的才能过于外露，优点反变成了缺点。处世，当谦虚谨慎，虚怀若谷，内敛而不张扬。

古人云："君子泰而不骄，小人骄而不泰"，说的就是仪表、行为上的差异。它告诫我们，在日常的生活、工作中，要时刻注意自己的言行举止，懂得在谦虚中善学，懂得在内敛中进步，而不要不知天高地厚，摆出一副唯我独尊、锋芒毕露的骄姿傲态。

17 成功总是青睐
   有准备的人

在遭遇重大事件时，你能否克服自卑，取得成功，就全看你的准备有多少。

楚庄王登上楚国国君宝座时，不理国政，每天只知狩猎消遣，回到宫中就与宫女日夜饮酒作乐。还在朝堂门口悬挂一条命令："有敢谏者，死无赦！"这样已经三年。

有一天，一个叫成公贾的人去见庄王，庄王问道："你来是要喝酒、听音乐，还是有什么话要对我说？"成公贾回答说："我不喝酒、也不听音乐，是来给你说说隐语解闷的。"

接着，成公贾给庄王讲了这样一个隐语。他说："刚才去郊外行走时，有人对我说了这样一个隐语，我不明白，想告诉大王。那隐语说：有只大鸟，身披五色花纹，栖息在楚国的高坡上已有三年，不见其飞，也不见其叫，不知这是什么鸟？"庄王回答说："我明白了，这不是凡鸟。三年不动，是在决定志向；三年不飞，是在生长翅膀、积蓄力量；三年不叫，是在观察周围情况。此鸟不飞则已，一飞冲天；不鸣则已，一鸣惊人。"

　　其实，庄王听懂了成公贾的隐语的含义，他的回答，是在表白自己。原来，楚庄王即位时年纪很轻，尚未成年。他的两位老师斗克（又名子仪）和公子燮因此而拥有很大的权力，并结伙作乱。庄王即位后，他们假王命派令尹子孔和大师潘崇去对舒人作战，而当子孔、潘崇出征后，他们又将子孔、潘崇两家的财产分掉，并派人刺杀子孔。当阴谋败露后，斗克和公子燮挟持庄王出逃。庄王在庐地获救后才回到国都亲政。在这种形势下，庄王只有以不飞不鸣作掩护。如今羽翼已逐渐丰满，所以，庄王接着对成公贾说："我知道做什么了，你等着吧。"

　　第二天，庄王在上朝理政时，就提拔了五个有才德的官吏，还惩办了十名为非作歹的赃官，百姓无不为之高兴。随后，庄王又发布号令，派郑公子归伐宋，派蒍贾进攻晋军，以解救郑国的危难。结果，都告捷而还。郑公子归战胜了宋人，抓获了宋国的执政人华元，蒍贾也打败了晋军，俘虏了晋军的将领解扬。

　　从此后，楚国日益强大，庄王也开始准备争霸中原。

　　楚庄王于外洒脱果敢，形象英武。于内智谋深沉，心机缜密，是春秋五霸中最具有霸王姿态的人物。我们从楚庄王"三年不飞不鸣"的故事中，也可以领略到他的深沉与睿智。

　　"一鸣惊人、一飞冲天"实际上是一种养精蓄锐的谋略。养精蓄锐就是积蓄力量，从容应变。养精蓄锐者大都胸怀开创自己事业的大志，可是又缺乏展示宏图大志的充分条件，于是，采取暗自积蓄实力，蓄养精神的谋略。而一旦时机成熟，便全力出动，"一鸣"而众人惊，"一飞"而冲云霄。

　　普法战争以前，普鲁士的毛奇将军在军事上所作的准备，是最好的例证，战斗力的储备和军事计划的准备是可以克敌制胜的。毛奇将军的行为，值得每个人效仿。

　　在战争爆发以前的13年，毛奇将军就已经着手筹划周密的作战计划了。全国的每个将官，甚至后备队中的每个军人都奉有种种训示，告诉他们作战时应采取的动作和要把握的时机。

全国的将帅，还都奉有各种关于军队调度、行军方略的密令。只要一接到动员令。可以立刻遵照行动，而且兵站也预先设置在位置最适当、交通最便利的地点，以免作战时运输不通。

毛奇将军对于所订下的作战计划，还常常加以变更、纠正。力求适合当时的情势，以备战事在任何时候发生都能指挥若定，应付自如。据说，1870年所执行的作战计划，早在1868年就订下了，而第一次计划的拟订，则远在1857年就已完成。所以战争一爆发，毛奇将军所指挥的普鲁士军，其行动就准确得分毫不差。

法国的军事当局却一点准备都没有。

战事一开始，前线法军向后方发出的告急电报就纷至沓来。供给不足，驻军不便，军队无法联络，一切都混乱不堪。与普鲁士军作战，犹如螳臂挡车，致使法国步步失算，处处落后。结果城下乞盟，忍受无与伦比的奇耻大辱。

在你从事各种事业时，体力、道德、智力的储备都是十分需要的。你要是有志于做大事，必须使这些能力有相当的储备，只有这样才可以担当大事，应付非常事件。

18 读书学习，
学而致用为本

固执或者愚不可及，往往是失败的根源。

有个人非常固执，只要是他认定的事情，无论别人用事实再怎么验证，他始终都坚持自己的观点。

有一天这个人看到了姜，但没见过姜是从哪里长出来的，便认为姜和其他的果实一样是树上结的，与人也经常谈及此事。有人纠正他说："姜是长在土里的，根本不是树上结的。"这个人听了却不以为然。后来又碰到纠正他错误的人，俩人依然争论不休。为此，这个固执的人指着自己的毛驴，对那个人说："我愿意用这头毛驴和你打赌，咱们找十个人作裁判，如果我输了毛驴给你，你输了只要认个错就可以了。"那个人答应了。

于是，这两个人果真找了十个不同的人来问。结果这些人都确定姜是长在土里的。那个固执的人哑口无言，最后只能把毛驴交给了那个人，并且说："毛驴给你，但姜还是长在树上的，有一天我会证明给你看，并把我的驴子要回来的！"说着头也不回地走了。

在科学面前认死理的人是愚蠢的，在读书上不动脑筋的人是书呆子，这两种人必然在事业和生活中无所得，甚至是有所失的。

把学习简单地理解成背书本，却与实践相隔膜，是永远也体会不到学习的乐趣的。不仅如此，而且死读书的人面对知识在实践中的应用，也缺乏足够的灵活性。

秦末汉初，汉王刘邦任命韩信为左丞相，并让他率兵攻袭赵王歇及成安君陈余的部队。韩信率军赶到与陈余对阵的战场，却将人马在河边布阵。见此情形，韩信手下的将领们纷纷劝说，说这样布阵是违反《孙子兵法》的，甚至连陈余手下的将领们远远地看了，也都一个个捧腹大笑，认为韩信根本就不懂得兵法，此战必然失败。

但是韩信却不肯听他人劝告，反而命令副将安排宴会，然后他对大家说："今天要为打败成安君陈余而庆祝。"诸将心里都不相信，却都假装说好。

酒足饭饱，大家上马冲锋陷战。出乎大家意料的是，战事一起，势如破竹，韩信的汉军大胜，成安君陈余被杀，赵王歇被当场活捉。

战争结束后，将领们跑来问韩信："兵法上说，摆阵应该右靠山陵，以为依据；左侧前面为水，以为屏障。而今你处处反其道而行之，却取得了胜利，是兵法上说错了吗？"韩信听了，回答道："错了的不是兵法，而是你们，是你们只知道一味死读书，却没有读懂书中的道理。我这种布阵的方法在兵法上同样也是有的，兵法上不是说：'陷于死地而后生，投之亡地而后存'吗？但什么时候用什么办法，取决于现场的军事形势，而不能够生搬硬套。"

读书并不是目的，能够在现实生活中灵活的应用，才是从知识中获得乐趣的真正原因。如果一个人只知道读书却不懂得应用，那就很难体会到"不亦乐乎"的意境。

19 取人之长，
促使自己进步快

三人行必有我师焉，择其善者而从之，其不善者而改之。

一天，上帝对一个盲人、一个跛子以及两个壮汉说："你们沿着这条路一起出发，谁先把幸福之门打开，我将满足他的任何愿望。"上帝说着就一声令下，比赛正式开始。

只见两个壮汉拔腿就跑，其速度快如风驰电掣。而盲人因眼疾，只能一步步试探性地前进，跛子虽明确目标，可也只能缓缓前进。历经无数次的坎坷摸索之后，盲人和跛子达成了共识，即盲人背起跛子充当双腿，跛子为盲人充当双眼，两人取长补短，一步步向幸福之门迈近。眼看着两个壮汉临近终点，一个壮汉突然停下将另一个壮汉狠狠地推倒在地，而后自己又向前跑去。被推倒的人又迅速爬起来追上前者，一脚踢在对方的腿上。两人厮打起来，他们谁都不允许对方推开幸福之门。就在他们纠缠在一起时，盲人和跛子赶了上来。两个壮汉因为互相阻挠，都没注意到周围事物的变化。盲人和跛子因为互相弥补了自己的缺陷，慢慢地走到了前面。在幸福之门前面，他们并没有互相抛弃，而是彼此示意了一下，共同打开了幸福之门。

俗话说："人无完人"，人毕竟不是"神"，是活生生的有着缺点和长处的结合体，尤其是在科学文化发达的今天，分工很细，现代化建设需要有各种各样的专门人才。而由于时间和精力的限制，我们每个人又不可能什么都学，什么都懂。因此人与人之间，所长和所短差距很大，这就要求我们每个人既要谦虚谨慎，时时正视自己的短处，又要不断看到别人的长处，不能因别人有缺点或短处就紧盯着别人不放，把别人看得一无是处。

赵武灵王在位期间，正处在战国中后期，列国间战争频仍，兼并之势愈演愈烈，各诸侯国均在发愤图强，以图立于不败之地。进而吞并诸国，称霸华夏。当时，赵都邯郸，疆土主要有当今河北省南部、山西省中部和陕西省东北隅。其周围被齐、中山、燕、林胡、楼烦、东胡、秦、韩、魏等国包围着。时人称赵为"四战之国"，其形势之险恶可以想见。赵武灵王即位前，赵的国势很弱，往往无力抗击二、三等小国，如中山国的侵扰。赵武灵王即位后，在实行"胡服骑射"前的18年中，赵屡败于秦、魏，除损兵折将、国力大衰外，还不得不忍辱割地。林胡、楼烦也乘此机会，连年向赵发动军事掠夺，赵国几乎没有还击之力。

在这样严峻的形势面前，赵武灵王决心发愤图强。有一天，赵武灵王对他的臣子楼缓说："咱们东边有齐国、中山（古国名），北边有燕国、东胡，西边有秦国、韩国和楼烦（古部落名）。我们要不发愤图强，随时会被人家灭了。要发愤图强，就得好好来一番改革。我觉得咱们穿的服装，长袍大褂，干活打仗，都不方便，不如胡人（泛指北方的少数民族）短衣窄袖，脚上穿皮靴，灵活得多。我打算仿照胡人的风俗，把服装改一改，你觉得怎么样？"

楼缓听后非常赞成，说："咱们仿照胡人的服饰，就能学习他们打仗的本领。"赵武灵王说："对呀！咱们打仗全靠步兵，进攻十分缓慢，就是打败游牧骑兵，在追击的时候，他们骑马跑得快，也很难追上他们；即使用马拉车，道路不好走，也是追不上他们；但是，我军又不会骑马打仗。要想学习胡人的服饰，就得学习胡人那样骑马射箭。"这个改革议论一经传开，就有不少大臣反对。赵武灵王就去找军事将领肥义商量，说："我想用胡服骑射来改革咱们国家军队的服装和装备，可是，有人反对，怎么办？"肥义将军表示支持，说："服装与装备的改革关系到国家的安危，要办大事不能犹豫，犹豫不决就办不成大事。大王既然认为这样做对国家有利，何必担心几个人的反对？"赵武灵王听了十分高兴，说："我看讥笑改革而反对我的是些蠢人，明理的人都会赞成我改革的。"

第二天，赵武灵王就直接穿着胡人的服装上朝了，大臣们见到他短衣窄袖，穿着胡服，都吓坏了。赵武灵王把改穿胡服的设想讲述一遍后，大臣们议论纷纷，有的说不好看，有的说不习惯，有的说不穿本民族的服装，岂不是丢脸么！

有一个顽固派老臣，名叫赵成，是赵武灵王的叔父，带头反对服装改革。他是赵国一个很有影响的老臣，头脑守旧，十分顽固。他不但反对，而且在家装病不上朝了。赵武灵王知道要推行军事改革，首先要打通叔父的阻拦，就亲自上门找赵成，对他反复讲解改穿胡服骑射的好处。赵成终于被说服了。赵武灵王趁热打铁，立即赏给他一套新式胡服。

第二天的朝会上，文官武将看到老将赵成也穿着胡服来上朝了，自然也就没有什么话可说了。

紧接着，赵武灵王又号令兵士学习骑马射箭。不到一年，训练了一支强大的骑兵队。次年春，赵武灵王亲自率领骑兵队打败邻近的中山国，又收服了林胡和西北方的几个游牧民族。到了实行胡服骑射后的第三年，中山、林胡、楼烦都被收服了。赵国从此兴盛强大起来，可以对付当时的霸主了。

善于集采众家之长者是大智慧的人，就像古代的武术一样，各门各派都抱着自己的祖宗遗训，传这个不传那个，搞得中国武术曾经一度让日本欺负。

因此，在有利于自己个人发展的问题上，我们一定不要墨守成规，存在什么门户、尊卑观念，应该敞开心胸，哪怕是不耻下问也好，将别人的优点学到手，才能强大自我。

20 正直无私，
表里如一真君子

正直的品性总是为真正的睿智者和成功者所推崇。

一位世界一流的小提琴演奏家在为人指导演奏时，从来不说话。每当学生拉完一曲，他总是要把这一曲再拉一遍，让学生从倾听中得到教诲。"琴声是最好的教育。"他如是说。一次，他收了一位名不见经传的新生，在拜师典礼上，学生为他演奏了首短曲。这个学生很有天赋，把这首短曲演奏得出神入化、天衣无缝。

学生演奏完毕，他照例拿着琴走上台。但是这一次，他把琴放在肩上，却久久没有奏响。他沉默了很长时间，然后，又把琴从肩上拿了下来，深深地吸了口气，走下了台。

众人惊惶失措，不明白发生了什么事。他微笑着说："你们知道吗？他拉得太好了，我没有资格指导他。最起码在刚才这一曲上，我的琴声对他只能是一种误导。"

全场静默片刻，然后炸响了一阵热烈的掌声。这掌声蕴藏着三个含义：一是为学生的精湛琴艺；二是为教师对学生真诚的赞美和尊重；第三点也是最重要的一点，就是盛名之下的演奏家并没有担心在大庭广众之下褒扬学生的高超会无形中降低自己的威信。他在拥有一流琴艺和一流师名的同时，还拥有磊落的胸怀和可贵的谦逊。

仅此一点，足以称之为大师。

大师之所以赢得了人们的尊重，不仅在于他的琴艺，更重要的是他的人品。社会上许多稍有点地位、名声的人，总是千方百计地维护自己的面子，甚至不惜实施打击、诽谤之能事，他们真应该看看这位大师的行为。拥有端正的品格，这才叫大师风范。

一天，交通部门送来一位因遭遇车祸而生命垂危的人，实习护士被安排做外科手术专家——该院院长亨利教授的助手，复杂艰苦的手术从清晨进行到黄昏，眼看患者的伤口即将缝合，这位实习的护士突然严肃地盯着院长说："亨利教授，我们用的是12块纱布，可是你只取出了11块"

"我已经全部取出来了，一切顺利，立即缝合。"院长头也不抬，不屑一顾地回答。"不，不行。"这为实习护士高声抗议道："我记得清清楚楚，手术中我们用了12块纱布。"院长没有理睬她，命令道："听我的，准备缝合。"

这位实习护士毫不示弱，她几乎大声叫起来："你是医生，你不能这样做。"直到这时，院长冷漠的脸上才露出欣慰的笑容。他举起左手里握着的第12块纱布，向所有的人宣布："她是我最合格的助手。"

这位实习护士理所当然地得到了这份工作。

在寻找工作方面，仅有敏锐的头脑是不够的，更重要的是还要有正直的品格。小到一个单位，大到一个国家，它们真正需要的往往是后者。

一个正直的人不会把自己分成两半，他不会心口不一，想一套，说一套——因为实际上他不可能撒谎；他也不会表里不一，信一套，干一套——这样他才不会违背自己的原则。正是由于没有内心的矛盾，才给了一个人额外的精力和清晰的头脑，使他必然地获得成功。

21 关键时刻，
选择尤为重要

生命中尤为重要的就是要搞清楚自己究竟想要什么，但实际上大多数人都没有真正花时间来思考这个问题。

有一个人，由于他还很年轻，觉得自己可以去做任何事，因为世界就摆在他面前。

一天早晨，上帝来到他身边，问他："你有什么心愿吗？说出来，我可以帮你实现，但是必须记住，你只能说一个。"

"可是——"他不甘心地说，"我有很多心愿啊。"

上帝摇摇头："这世间美好的东西实在太多，但不要忘了，生命是有限的。没有人可以拥有全部，有选择，就必然有放弃。来吧，谨慎地选择，永远都不要后悔。"

他惊讶地说："难道我会后悔吗？"

上帝："当然。首先，选择本身就要忍受感情的折磨和煎熬，接着再做出决定；然后，你还会为自己的选择而痛苦。选择了智慧也就意味着痛苦与落寞，选择了钱财必然会带来烦恼。这个世界上有太多的人挤上了一条路后，后悔自己更应走另一条。你应该慎重地考虑一下自己这一生，真正需要的是什么？"

那个人反复地对上帝说："让我想一想，我再仔细地想一想。"

上帝说："可是你要快一点啊！"

此后，他把所有时间都用在比较与权衡中。他用一半的时间来斟酌，另一半的时间却用来批驳自己先前的决定，因为他总认为有考虑欠妥的地方。

一天一天，一年一年，日子像奔流不息的河水一样流过。他老了，皱纹深深刻在他的脸上。上帝又来到他的面前："我的孩子，你还没决定下来吗？要知道，你的生命只剩下5分钟了。"

"你说什么？"他吃惊地叫道："这么多年来，我没有享受到爱情的美好、享用财富的快乐以及拥有智慧的自豪。我想要的一切全都没有得到。上帝呀，你怎么能在这时候带走我的生命呢？"

可是，不管他怎么追悔莫及，苦苦哀求，5分钟后，上帝还是带走了他。

生活中的人们，往往有很多的愿望和要求，希望自己得到这个、获得那个……然而，到底哪些是他们真正想要得到的呢——全部！不现实，没有人能够得到他想要的全部东西，即便是世界上最富有的人，也有他得不到的东西。

假使我们遇到寓言中的"好事儿"，我们真的会比寓言中的那个人强多少吗？未必，甚至我们还不如他呢！抓住人生中自己最想要的东西不要放手，最终我们的内心会得到满足的。

拿破仑的名字大家都很熟悉，但是很少有人知道他年轻的时候，由于生活贫困，灰心到了极点，几度使他差点放弃追求，差点成为一个"普通人"。

当时，他的父亲是一个极高傲但又穷困的科西嘉贵族。父亲送拿破仑进了一个在布列讷的贵族学校，在这里与他往来的都是在他面前极力夸示自己富有而讥讽他穷苦的同学。

后来他实在受不住了，写信给父亲，说道："为了忍受他们的这些嘲笑，我实在疲于解释我的贫困了，他们唯一高于我的便是金钱，至于说到高尚的思想，他们是远在我之下的。难道我应当在这些富有而高傲的人面前谦卑下去吗？"

"我们没有钱，但是你必须在那里读书，而且一定要超过他们，因为这是你的目标。"父亲回答说。

从此，每一种嘲笑，每一种欺侮，每一种轻视的态度，都使他增加了决心，他发誓要做出个样子给他们看看，他确实是高于他们的。他是如何做的呢？这当然不是一件容易的事，他一点也不空口自夸，只在心里暗暗计划，决定把这些没有头脑却傲慢的人作为桥梁，去获得自己的技能、财富、名誉和地位。

在他16岁当少尉的那年，他遭受了另外一个打击，那就是他父亲的去世。在那以后，他不得不从很少的薪金中，省出一部分来帮助母亲。当他接受第一次军事征召时，必须步行到遥远的发隆斯去加入部队。

等他到了部队里时，看见他的同伴正在用多余的时间追求女人和赌博。而他那不受人喜欢的体格使他没有资格得到前者；同时，他的贫困也使他得不到后者。于是他改变方针，用埋头读书的方法，去努力和他们竞争。读书和呼吸一样是自由的，因为他可以不花钱在图书馆里借书读，这使他得到了很大的收获。通过几年的用功，他从读书方面所摘抄下来的记录，经后来印刷出来的就有400多页。他想象自己是一个总司令，将科西嘉岛的地图画出来，地图上清楚地指出哪些地方应当布置防范，这是用数学的方法精确地计算出来的。因此，他数学的才能获得了提高，这使他第一次有机会展示他的能力。

他的长官看到拿破仑的学问很好，便派他在操练场上执行一些特殊的工作，这是需要极复杂的计算能力的。他的工作做得极好，于是他又获得了新的机会，拿破仑开始走上通往权势的道路。这时，一切的情形都改变了。从前嘲笑他的人，现在都拥到他面前来，想分享一点他得的奖金；从前轻视他的人，现在都希望成为他的朋友，从前讥笑他的人，现在也都改为尊重他。他们都变成了他的忠心拥戴者。

面对多姿多彩的世界和各种各样的选择，很多人往往手足无措。就如同在茫茫大海中航行，假若你不知道将驶向何方，就注定了一生要忍受漂泊之苦。在你决定自己想要什么，需要什么之前，一定要先进行一番心灵探索，发现自己的真正需要。只有这样，你才能在生活中一往直前，轻松阔步。

22 心胸豁达，
　　不斤斤计较

一个人要想生活在一个健康的环境里，就一定不要斤斤计较个人的得失。

荷马·克鲁伊是个作家，以前他写作的时候，常常会被纽约公寓热水管的响声吵得心烦意乱。他说："后来有一天，我和几个朋友一起去露营，当我听到木柴烧得很响时，突然想到，这些声音多像热水管的响声啊！我为什么会喜欢这种声音，而讨厌家里的那种声音呢？回到家以后，我就试着对自己说，热水管的声音就像木柴燃烧的声音一样好听，然后我就埋头大睡。

刚开始那几天，我还会留意热水管的声音，可是不久我就把它们全忘记了。"荷马聪明地摆脱了一个小小的困扰，如果他一味地在这件事情上纠缠不休，最后不见得就能解决问题，还白白浪费了时间。

同事间你来我往，无法做到绝对公平，总是要有人承受不公平，要吃亏。倘若人们强求世上任何事物都公平合理，那么，所有生物链一天都无法生存——鸟儿就不能吃虫子，虫子就不能吃树叶……

英国有一位很著名的作家，出身极其穷苦，他的成功是靠着从艰苦卓绝之中，抱着百折不挠的精神，长期奋斗得来的。他有一个习惯，那就是从不在乎别人付给他的稿酬多少。当他暮年的时候，各大书局竞相寻觅他的佳作，他的酬金版税也就丰富起来。

但好景不长，他不久就生了一场大病，并且生命垂危。这个消息一传开，就有很多访问者赶来探望，他们的目的就是为了得知他的遗嘱，然后在各报发表。这班人马站在病床旁边向他请求说："老先生，你是奋斗恶劣环境的胜利者，那种百折不回、刻苦自励的精神，真使我们敬佩无比。你已功成名就，对我们这班崇拜你的青年，景仰你的后生有何教训？我们愿意知道先生的秘诀，胜利的方法，以作我们的指引。"

那位老先生听了这番诚恳的请求，只是微微地睁开了昏花的老眼向着他们看了看，仍旧一言不发。

他们又向他请求说："老先生饶恕我们的麻烦，在你病中唠唠叨叨，实在对不起。我们是新闻杂志的记者，愿意听听先生最后的教训，不但我们获益，在报上发表以后，不知又将造福多少青年，因此务请不吝赐教，我们谨候恭听。"

"成功么？秘诀么？有，请看马太福音十六章二十六节。"老先生轻轻地说完上面的话，便合上了双眼，与世长辞了。他们一一记在纸上，连忙打开圣经看，只见上面写的是："人若赚得全世界，赔上自己的生命，有什么益处呢？人还能拿什么换生命呢？"

不斤斤计较的人们拥有豁达的胸怀，即使在他们去世之后，也让人们深深地怀念。不斤斤计较是一种明智，一辈子不吃亏的人是没有的。

23 坦诚，
往往比辩护更有效

"静坐常思己过，闲谈莫论人非"，有了过错，与其和责备自己的人吵到感情破裂，倒不如让他一步，承认自己的过失。

一日，一艘航船连同船上所有的人一起沉入了海底，有个看到整个过程的人觉得天神做事不太公平：祸因是由于船上有人对天神不敬、辱骂天神所致，天神不应该因为处罚这个不敬的人，而祸及到整船的人。

当那个人站在那愤愤不平时，突然有一只蚂蚁咬了他一口。这个人特别生气，为了除掉那只咬他的蚂蚁，他便把附近的蚂蚁全部踩死了。

此时天神出现在他的眼前，一边用魔杖敲着他的头，一边恶狠狠地对他说："愚蠢的家伙，你说神的处罚不公，那么你处置蚂蚁的方式和我处置人的方式有什么两样吗？在说别人之前应该好好地看看自己的行为，是否可以问心无愧地指责别人。

任何愚蠢的人都会尽力为自己的错误辩护——而且多数愚蠢的人也是这样做的。但承认自己的错误，能给人一种尊贵、高尚的感觉。

往往经常指责别人的人是看不到自己错误的人，那些能够看得到自己错误并勇于承认的人都是些大智者，尽管在大多数人眼里他们看起来是那么的愚不可及，不过，这就是人生的大智慧。

历史曾记载，李将军做过的最完美的一件事，是他为部下毕克德将军在格底斯堡反攻失败而自责。

毕克德将军对联邦军队的反攻无疑是西方史上最光荣、最生动的进攻了。毕克德本人是个栩栩如生的人物。他把赭色的头发养得很长，几乎及背；而且，像拿破仑在意大利战场上一样，他几乎每天都给夫人写热烈的情书。每当他出现时，他的意气风发的部队都向他热烈欢呼。在那惨痛7月的一个下午，他得意洋洋地骑着马向联邦军队的阵地冲去，他歪戴的、漂亮的帽子在他右耳的上边，士兵们欢呼着跟随着他，人挤人，行接行，旌旗在天空中飘扬，刺刀在阳光中闪烁，那是非常壮丽的一幕。当望见他们的时候，联邦军队的阵地发出一阵阵低声赞叹。

毕克德的部队迈着轻快的步伐，迅速向前推进，经过果园、稻田，踏过草地，穿过山峡。突然，联邦军队的大炮向他们的队列发射，对他们进行猛烈的、残忍的、无法抵抗的轰击。

片刻间，埋伏在墓山山顶石墙后面的联邦军队步兵，向毕克德无法抵抗的军队开火，一排又一排枪，山顶变成一片火焰、一所人类的屠宰场。几分钟内，除了阿密斯丹，所有毕克德部队的旅长都被击倒了，他的5000名士兵的4／5也都倒了下来。

阿密斯丹旅长率领军队做最后一次的冲杀，他冲上前去，跃过石墙，把他的军帽放在他的刀尖上摇着，大喊："杀啊，孩子们！"

战士们奋勇向前，他们跳过石墙，用刺刀刺杀敌人，双方短兵相接，大打肉搏战，最终，南军把他们的军旗插在墓地山的最高峰。

可是军旗只在那里飘扬了一会儿，尽管是一会儿，那么短暂，却是南方同盟军在战争后期的最高记录。毕克德的反攻，虽然光荣、勇敢，却是失败的开始。李将军失败了，他不能深入北方了，而他更明白这一点：南方失败了。

121

李将军非常震惊，极度悲痛，因此他向南方邦联政府总统戴维斯提出辞呈，请他另外委派一个年轻力强的人。如果李将军想把毕克德反攻的惨败归罪于别人，他可以找出几十个借口来。如有些师长不胜任，马队到得太迟，以致不能协助步兵进攻，这件事不对，那件事也不对，等等。

但李将军品德高尚——他不责备别人。当打了败仗、流着血的毕克德军队挣扎着，退回邦联军阵地的时候，李将军一个人骑马去迎接他们，并发出伟大的自责，"这都是我的过失，"他承认说，"我，是我一个人战败了。"历史上所有将领，很少人有胆量及品格这样承认。

当我们有错的时候，我们要对自己诚实，我们要迅速地、真诚地承认我们的错误。这种方法不仅能产生惊人的效果；而且，信不信由你，在若干情形之下，比为自己辩护更有效。

第三章
阻碍成功人生的
阴霾必须驱除

"要想征服世界，首先要征服自己的悲观。"
战胜悲观的情绪，用开朗、乐观的情绪支配自己的
生命就会发现生活有趣得多。"去留无意，闲看庭
前花开花落；宠辱不惊，漫随天际云卷云舒。"既
然悲观于事无补，那我们何不痛快地走出消极心态
的魔障，从而乐观地对待人生呢？一个心态正常的
人可在茫茫的夜空中读出星光的灿烂，增强自己对
生活的自信，一个心态不正常的人让黑暗埋葬了自
己且越埋越深。

01 急功近利，
   往往于事无补

　　急功近利永远都不会得到想要的结果，只有脚踏实地才能获得最终的成功。

　　宋国有个农夫，由于是个急性子，做什么事都缺乏耐心。种稻子的季节刚到，这个农夫就种了两亩稻苗。可是每天去田里看稻苗时，他总觉得稻苗好像没有变化。农夫好容易耐着性子等了一个月，看到稻苗只长高了一点点，便嫌自己的庄稼长得慢，心想："照这样下去什么时候才能收获呀！"

　　有一天，他想到了一个能让稻苗长得快些的好办法。便赶紧跑到稻田里，把他家的稻苗一颗颗的都向上拔出来一大截儿，这样看起来稻苗果然比原来高了许多。农夫干了一整天才全都忙完，而且他逢人便说："我的稻苗长得可快了，比你们的都高出一截儿！哈哈。"

　　第二天，当农夫再去地里看时，再也高兴不起来了，原来他的稻苗全都被太阳晒死了。

　　许多人在向往美好的生活方面，往往存在一种冲劲儿——恨不得自己一下中上五百万的大奖，因而时常投注不菲的资金砸向彩票事业；也恨不得自己的生意能够一下做大，因而不理性地投入过多的资金孤注一掷地压在一未知领域；也恨不得自己的孩子能够成为歌星、影星，却不顾他们的感受让他们学这学那……

事实上，有这种冲劲儿无可厚非，谁不想让自己的生活更美好呢？然而，我们不要忘了事物发展都有其自己的必然规律，抛开了这种自然规律，我们所做出的事情往往都是事倍功半的。

一天早上，牙刷制造公司的小职员道格拉斯起床后，正在匆匆忙忙地洗脸、刷牙。一不小心他把牙龈刷出血来。他不由得火冒三丈，因为他的牙龈不止一次被刷出血，而且用的是自己公司生产的牙刷！道格拉斯怀着一肚子不满和牢骚冲出家门，怒气冲冲地向公司走去。他准备直接奔向技术部门，质问他们平时都在干些什么，连这样的技术问题都一直得不到解决。走进公司大门后，道格拉斯的脚步渐渐慢下来，因为他突然想起了一句话："当你遇有不满情绪时，你需要忍耐。"

"发怒能够解决问题吗？既然不能解决问题，那你发怒干什么？"他对自己说。

道格拉斯迅速改变了去技术部门大发牢骚的初衷，他开始琢磨解决牙龈出血的办法。他和同事一起，提出了改变刷毛的质地、改造牙刷的造型、重新设计刷毛的排列等各种方案，经过论证后，逐一进行试验。试验中道格拉斯发现了一个为常人忽略的细节：他在放大镜下看到，牙刷毛的顶端由于机器切割，都呈锐利的棱角。

"如果通过一道工序，把棱角改成球形，那么问题就完全解决了！"他的建议立即得到了同事的赞同。经过多次实验后，道格拉斯和同事们把成功的结果正式向公司提出。公司很乐意改进自己的产品，迅速投入资金，把牙刷毛的顶端改成了球形。

产品改进后，很快受到了市场的欢迎。道格拉斯因为对公司做出的巨大贡献，被从普通职员提升为主管，十几年后他成为公司的总经理。

我们在人生的道路中，一定要沉得住气，急功近利的行为，不能让我们感受幸福，而不幸却往往不期而至。只有理性的思维，才能让我们找到问题的解决办法。

02 高傲自大
难成器

俗话说："生于忧患，死于安乐"。高傲自居、自命不凡的人很难有大的成就与业绩，必将逐渐走向痛苦的深渊。

一天，赶驴人牵着驴出远门，一路上走的都是平坦的大路。走着走着，驴便觉得有些不对劲儿了，觉得主人有些愚蠢：因为旁边就是条近的山路，走它的话可以少走很长一段路，但主人偏偏要走这比较远的平坦大路，也真是过于保守了。

于是，驴便悄悄地离开了主人去走那条山路了。可是山路陡峭，驴一不慎从悬崖上摔了下去。

在这时，赶驴人正好赶到，一把揪住驴的尾巴想把它拉上来。但是身在半空中的驴，却觉得用不着赶驴人帮忙，凭借自己的力量也能爬得上去。于是便拼命地乱蹬，企图靠自己的力量爬上去。

由于驴的乱蹬，赶驴人实在不堪负重只有松开了手，结果驴没能爬上来，掉下悬崖摔死了。

自命不凡者通常表现为妄自尊大、自命不凡、肆无忌惮、目中无人。只要有机会标榜自己，就会抓住不放地大吹大擂、口出狂言，常会给人一种趾高气扬、傲慢无礼的感觉，仿佛周围人都是一些鼠目寸光、酒囊饭袋之辈，全不把他们放在眼下。这也是人们常说的"狂妄"。自命不凡的人大都从个人着眼，一切从个人出发，张扬自己无视他人，以一己之私傲视万物于脚下。这时的傲气就成为羁绊个人发展、破坏群体关系的一剂毒药，它所导致的是一种唯我独尊、目空一切、自高自大的自恋情结。同时相行而生的是一种排斥他人、拒绝合作、蔑视群体、崇尚个人的排他情结，从而形成一种自恋自娱的狭隘的个人空间。

因此这类人成不了气候，反而会让自己向痛苦的深渊滑落而无法自救，最终导致失败的结果。所以"为人最怕不自知"！

太平军攻破江南大营后，清将向荣战死，太平军举酒相庆、歌颂太平军东王杨秀清的功绩。天王洪秀全更深居不出，军事指挥全权由杨秀清决断。告捷文报先到天王府，天王命令赏罚升降参战人员的事都由杨秀清做主，告谕太平军诸王。像韦昌辉、石达开等虽与杨秀清等同时起事，但地位低下如同偏将。

清军大营既已被攻破，南京再没有清军包围。杨秀清自认为他的功勋无人可比，阴谋自立为王，胁迫洪秀全拜访他，并命令他在下面高呼万岁。洪秀全无法忍受，因此召见韦昌辉秘密商量对策。韦昌辉自从江西兵败回来，杨秀清责备他没有功劳，不许入城；韦昌辉第二次请命，才答应。韦昌辉先去见洪秀全，洪秀全假装责备他，让他赶紧到东王府听命，但暗地里告诉他如何应付，韦昌辉心怀戒备去见东王。韦昌辉谒见杨秀清时，杨秀清告诉他别人对他呼万岁的事，韦昌辉佯作高兴，恭贺他，留在杨秀清处宴饮。酒过半旬，韦昌辉出其不意，拔出佩刀刺中杨秀清，当场穿胸而死。韦昌辉向众人号令："东王谋反，我暗从天王那里领命诛杀他。"他出示诏书给众人看，又剁碎杨秀清尸身让众人咽下，命令紧闭城门，搜索东王一派的人予以灭除。

东王一派的人十分恐慌，每天与北王一派的人斗杀，结果是东王一派的人多数死亡或逃匿。洪秀全的妻子赖氏说："祛除邪恶不彻底，必留祸。"因而劝说洪秀全以韦昌辉杀人太酷为名，施以杖刑，并安慰东王派的人，召集他们来观看对韦昌辉用刑，可借机全歼他们。洪秀全采用了她的办法，而突然派武士围杀观众。经此一劫，东王派的人差不多全被除尽，前后被杀死的多达三万人。

在生活中千万要有一定的自知之明，不可遇到一些优势就飘飘然起来，忘了自己姓什么了，一旦如此，大祸就不远了。

03 最害人的，
莫过于贪念之心

人的私心、贪婪，常使人跌倒，重重地跌在自己"恶念"的祸害里。

阿凡提的邻居很富有，可他还是贪得无厌。于是，聪明的阿凡提想要找个时间教训他。机会终于来了，阿凡提得知邻居将去野外打猎。于是他借来几两金子，骑毛驴到野外，坐在黄沙滩上细细筛起来。不一会儿，邻居打猎从这儿经过，问道：

"喂，阿凡提，你这是干什么？"

"我正忙着在种金子哩！"

邻居听了感到诧异，又问道："快告诉我，聪明的阿凡提，金子咋个种法？"

"您怎么不明白呢？"阿凡提说，"现在把金子种下去，到秋天就可以来收割，把几十两金子收回家去了。"

邻居一听，眼睛都红了，连忙赔着笑脸跟阿凡提商量起来："阿凡提，你种这么点金子，能发多大的财？要种就多种点。种子不够，到我家里拿好了！要多少有多少。那就算是咱俩合伙种的，长出金子来，十成给我八成就行了。""那太好啦，朋友！"

第二天，阿凡提就到邻居家拿了2斤金子。过了一个星期，他给邻居送去了10来斤金子。邻居打开口袋，一看金光闪闪，简直乐得闭不上嘴，他立刻把家里存着的好几箱金子交给阿凡提去种。

过了一个星期，阿凡提空着一双手，愁眉苦脸地去见邻居。邻居问道："驮金子的牲口都来了吧？"

"真倒霉呀！"阿凡提忽然哭了起来，说道："您不见这几天一滴雨也没下吗？咱们的金子全干死啦！别说收成，连种也赔了。"

邻居顿时狂呼大吼道："胡说八道！我不信你的鬼话！你想骗谁！金子哪会干死的"

"这就奇怪了！"阿凡提说，"您要是不相信金子会干死，怎么又相信金子种上了能长呢？"

邻居听了，再也说不出话来。相信金子能从土地上种出来，贪婪的邻居未免也太天真了，正是他的欲望导致了天真的行为。因此，天真地认为有大便宜可占的好事，但其实结果却往往相反。

少些贪欲，就会少些危害，且不能因为一时贪念，害了自己的一生。

东汉时，羊续在南阳做太守。南阳这个地方土地肥沃，水源充足，气候温暖，农业和畜牧业非常发达。由于这里的人民生活富裕，社会风气难免奢侈浮华。特别是地方官府中请客送礼、讲究排场、讲吃讲喝的风气尤为严重。看到这种情况，羊续十分不满，他决定要移风易俗。

但要改掉人民的这些坏习惯，必须先从官府和为官者入手。羊续觉得还是先从自己这个做太守的人做起，比较好。

一天，郡里的郡丞提着一条很大的鱼来看羊续。他为了让羊续收下他的鱼，就说这条鱼不是买的，也不是向别人要的，而是自己在休息的时候从白河里钓上来的。接着他还向羊续介绍了南阳的风土人情，并极力夸赞白河鲤鱼味美可口。他还说，自己绝不是拿这条鱼送礼，而是出于同事之间的感情，让新来的羊续尝一尝。羊续听他说了这么多，但还是决定不收他的鱼。而郡丞是无论如何都不把鱼拿回去。他说："太守您要是执意不收，那就是看不起我，我从此以后也不会和你共事了。"羊续盛情难却，只得将鱼收下了。

郡丞走后，羊续拿起鱼来看了一会儿，就吩咐家人用麻绳将鱼拴好，挂在自己的屋檐下。几天后，郡丞又来看望羊续，手里提着一条比上次更大的鱼。

羊续一看，很不高兴，就说："在南阳这个地方，除了我以外，你的官位最高了。你怎么好带头给我送礼呢？"郡丞听了，轻轻地摇了摇头，还没来得及说什么，羊续就从屋檐下拿出晒干了的鱼，说："你看，上次的鱼还在这里，你一起拿回去吧！"

郡丞一看到风干的鱼，脸马上就红了，他转身就离开了羊续的家。

从此，南阳再也没有人给羊续送礼了。南阳的百姓听了这件事后，都很高兴，纷纷称赞新来的太守廉洁不贪。有人还给羊续取了个"悬鱼太守"的雅号。

其实，我们所拥有的并不是太少，而是欲望太多；欲望太多，就使自己不满足、不知足，甚至憎恨别人所拥有的，或嫉妒别人比我们更多，以致心里产生忧愁、愤怒和不平衡。由此可见，欲望太多，的确就是一种心理贫穷！

04 少给别人添乱，
别人才愿意靠近你

　　尽量少地提一些无理的要求或做一些无理举动，如果你也有这样的习气的话。如果对方毫不给面子，以你之道还治你身，你岂不落个难堪的下场？

　　有一个小地主，老早就听说阿凡提很聪明，但他总是不服气，所以一直想找一个机会把阿凡提戏弄一番。

　　这日，小地主请客，也请了阿凡提。小地主见是阿凡提来了，便眉头一皱，想了一条诡计。在吃西瓜的时候，地主将他吃剩的西瓜皮都悄悄地放在了阿凡提那一边。阿凡提自然看到了这样的举动，但他不露声色地仍然继续吃着西瓜，假装什么都没看见，等着地主接下来的"表演"。

　　果然，小地主一吃完，便向着众人嘲笑阿凡提道："嘿！大家快来看呀，阿凡提真是个馋猫，一个人吃了那么多的西瓜。"说完放声大笑。

　　阿凡提笑吟吟地看着他回敬道："是呀，我吃了那么多的西瓜真够馋的。可还有更胜一筹的人物呢，自己吃了西瓜连西瓜皮都不放过，一起吃下去了。"

　　小地主听后满脸通红，一句话也没说便走了。

　　如果找不到一个最佳的后路，那么我们就应该尽量做到不去难为别人。

因为在难为别人的时候，很有可能会像故事中的小地主一样，将自己也绕进去。如何做到不难为别人呢？少提无理的要求，便是最佳。

命运悲惨的英国前首相张伯伦曾出席承认希特勒占领捷克的慕尼黑会议。

会议结束要返国的时候，希特勒对他说："张伯伦，你能不能把你的洋伞送给我作为占领的纪念呢？"

"不行！"以戴高帽、撑洋伞为个人商标的典型英国绅士张伯伦，拒绝了希特勒的这个无理要求。

"可是，"希特勒强硬地说，"这件事对于我的威信具有重大的意义啊！我要求你把洋伞送给我！"

张伯伦再次拒绝道："很遗憾，你的要求我做不到。"

"但是我坚持我的要求。"

"你怎么说都没用，"张伯伦仍然保持他的威严说道，"我希望你能了解，这把伞和捷克不一样，它可是我自己的东西，我是不会让给你的。"

每个人或多或少地有过被别人无理要求的时候，多数人在被提出无理要求后，除了恼羞成怒之外，就不知所措，无法应对了。其实，既然是无理的要求，那它必然有有悖常理的地方，它本身就有弊病，你完全可以按照他的思路、用他的方法回敬于他。顺着他的"语病"或错误追寻回去，将对方变成自己想揶揄的对象，那样他便如哑巴吃黄连一般——有苦说不出了。

05 多包容朋友和同事，
会赢得信赖

自己朋友是你的依靠，也是你人生的资本。失去朋友，你就会陷于无助的境地，会深感恐慌。

古时候，中山国的君王有一次设宴款待都邑的士大夫，司马子期也在被邀之列。席上，中山君把羊肉羹分给各位士大夫，却没有分给司马子期。司马子期心里很不高兴。

于是，跑到楚国，怂恿楚王攻打中山国，楚王受其蛊惑，带兵向中山国猛击。不久，中山国就被打败了。

中山君仓皇逃命，后面只有两个人拿着长矛紧紧护卫他。他有点奇怪，就回头问那两个人："别人都逃跑了，为什么你们还乐意跟着我？"两个人回答："大王，以前在我们的父亲即将饿死的时候，你曾经赐给一壶食。家父临终时就要求我们，如果中山君遇上灾难，我们必须以死报答大王的恩德。我们遵从家父的教导，誓死也要保护您。"

中山君听了，仰天叹息道："给予不在于多少，在于别人是否正处于困厄之境；施怨不在于深浅，在于是否曾经伤了别人的心。我因为一杯羊肉羹而亡国，却因一壶食而得到两位义士的生死相随。"对中山君来说，此时此地，这两个朋友比多少钱都重要。

有多少功成名就的人物，当初假若不是朋友的鼓励帮助而使得他们牢牢地坚守自己的阵地，恐怕早已在事业生涯中的某些危急时刻放弃，甚至会偃旗息鼓了。假如人生没有朋友，生命将是一片荒芜贫瘠的沙漠！

美国作家杰克·伦敦的童年，贫穷而不幸。之后他去了阿拉斯加，加入到淘金者的队伍。在淘金者中，他结识了不少朋友。其中有一位叫坎里南的中年人。他的辛酸历史简直可以写成一部厚厚的书。他的经历坚定了杰克·伦敦心中的一个目标：写作，写淘金者的生活。在坎里南的帮助下，杰克·伦敦利用休息的时间看书、学习。1899年，23岁的杰克·伦敦写出了处女作《给猎人》，接着，又出版了小说集《狼之子》。这些作品都是以淘金工人的辛酸生活为主题的，因此，赢得了广大中下层人士的喜爱。

可是，随着成功和钱财的增加，他忘记了那些同甘苦共患难的淘金工人，同时也离开了给他的灵感与素材的生活。

离开了朋友，离开了生活，离开了写作的源泉，杰克·伦敦的思维渐渐枯竭，再也写不出一部像样的著作。

他的金钱也已挥霍一空。于是，1916年11月22日，处于精神和金钱危机中的杰克·伦敦在自己的寓所里用一把左轮手枪结束了一生。

丧失了朋友，生命也在枯竭中葬送，岂不哀哉？朋友是我们一生的财富，也是我们精神的支柱，千万不能因为某些小事儿而与朋友吵闹，更不可人为地把自己排除在人群、朋友圈之外，那样的日子是任何一个人都无法忍受的。

06 一定要相信自己——
我能行

平凡的荒原，孕育着崛起，只要你肯开拓；平凡的泥土，孕育着收获，只要你肯耕耘；平凡的细流，孕育着能量，只要你肯积累；平凡的我们，孕育着希望，只要我们肯发现。

春天到了，轻柔的风吹拂着这个睡眼惺忪的世界，万物已开始复苏。两颗种子也醒了，它俩正躺在一片肥沃的土壤里，憧憬着各自的未来。

第一颗种子说："我一定要努力生长！我要向下扎根，让生命在土壤里变得坚强！我要'出人头地'，让绿色的茎叶在风中舞蹈，去歌颂春天的到来！"我还要开出美丽的花朵，结出丰硕的果实，这样我就既可以感受春晖照耀脸庞的温暖，也可以体味晨露滴落花瓣的喜悦，还可以体悟生命成熟的真谛！"

第二颗种子皱着眉头，声音颤抖地说："我可没有你那么自信！向下扎根，我也许会碰到坚硬的石块；用力往上钻，可能会伤到我脆弱的茎；长出幼芽，难保不会被蜗牛吃掉；开出美丽的花，小孩看了会连根拔起；结出果实，还会被不劳而获的家伙偷偷摘去。"

第一颗种子的自信变成了行动，它开始萌发了。第二颗种子则继续瑟缩在自认为十分安全的土壤里。

几天后，一只母鸡在庭院里觅食，第二颗种子就这样不声不响地进了母鸡的肚子。

第一颗种子一直在努力地生长。它受过伤，挨过冻；它被人踩踏过，被蜗牛啃啮过，它哭过、笑过。

但是，它始终相信自己能战胜这一切困难。每当寒夜侵袭，一切沉寂下来时，它也会不时地感到一种难以抑制的孤独与凄凉。

但它总是一遍一遍地对自己说："我相信自己！我不会放弃！因为我有梦啊！"终于有一天，它长大了，开出了娇艳的花，结出了累累的果。它笑了，很开心！

同样的生存空间和生活环境，却造就了两种截然不同的生活方式，形成了两种不同的生命结果。实际上，比起第一颗种子来说，第二颗种子并不缺少什么，它所缺乏的或许仅仅是信心和勇气！

心理学家发现了一个十分有趣的现象：很多人之所以不能成功，关键是不能充分发现自己的价值。往往对自身的缺陷讳莫如深，这其实是一种误区：人有很多资源，缺陷也是其中之一。只有善于发现自己，充分利用自身的资源，才能最大限度地发挥自己，挖掘自己。即使是一种缺陷，也并非没有可利用的价值。

纽约里士满区有一所穷人学校，它是贝纳特牧师在经济大萧条时期创办的。1983年，一位名叫普热罗夫的捷克籍法学博士，在做毕业论文时发现，50年来，该校出来的学生在纽约警察局的犯罪记录最低。

为延长在美国的居住期，他突发奇想，上书纽约市市长布隆伯格，要求得到一笔市长基金，以便就这一课题深入开展调查。

当时布隆伯格正因纽约的犯罪率居高不下受到选民的指责，于是很快就同意了普热罗夫的请求，给他提供了1.5万美元的经费。普热罗夫凭借这笔钱，展开了漫长的调查活动。从80岁的老人到7岁的学童，从贝纳特牧师的亲属到在校的老师，凡是在该校学习和工作过的人，只要能打听到他们的住址或信箱，他都要给他们寄去一份调查表，问：圣·贝纳特学院教会了你什么？

在将近6年的时间里，他共收到3700多份答卷。在这些答卷中，有一个令人无比惊奇的现象，那就是有74%的人回答，他们知道了一支铅笔有多少种用途。

普热罗夫本来的目的，并不是真的想搞清楚这些没有进过监狱的人到底在该校学了些什么，他的真实意图是以此拖延在美国的时间，以便找一份与法学有关的工作。然而，当他看到这份奇怪的答案时，他感受到了震惊并决定马上进行研究，哪怕报告出来后会被立即赶回捷克。

普热罗夫首先走访了纽约市最大的一家皮货商店的老板，老板说："是的，贝纳特牧师教会了我们一支铅笔有多少种用途。我们入学的第一篇作文就是这个题目。当初，我认为铅笔只有一种用途，那就是写字。谁知铅笔不仅能用来写字，必要时还能用来做尺子画线，还能作为礼品送人表示友爱；能当商品出售获得利润；铅笔的芯磨成粉后可作润滑粉；演出时也可临时用于化妆；削下的木屑可以做成装饰画；一支铅笔按相等的比例锯成若干份，可以做成一副象棋，可以当作玩具的轮子；在野外有险情时，铅笔抽掉芯还能被当作吸管喝石缝中的水；在遇到坏人时，削尖的铅笔还能作为自卫的武器……总之，一支铅笔有无数种用途。

贝纳特牧师让我们这些穷人的孩子明白，有着眼睛、鼻子、耳朵、大脑和手脚的人更是有无数种用途，并且任何一种用途都足以使我们生存下去。我原来是个电车司机，后来失业了。现在，你看，我是一位皮货商，而且生活得很好。既然如此，我为什么还要去冒险犯罪呢？"普热罗夫后来又采访了一些圣·贝纳特学院毕业的学生，发现无论贵贱，他们都有一份职业，并且都生活得非常乐观。

而且，他们都能说出一支铅笔至少有20种用途。普热罗夫再也按捺不住这一调查给他带来的兴奋。调查一结束，他就放弃了在美国寻找律师工作的想法，匆匆赶回国内。后来，他成为捷克一家最大的网络公司的总裁。而这段经历却不是故事。自我实现的需要是人最高层次的需要。正如你需要空气、阳光一样，你也需要发挥自己的潜能。而自信正是挖掘内在潜力的最佳法宝。

相信自己，你才敢于奋力追求实现自身的价值，也才会激发自己的潜能。

07 心向长远放眼量，
赢得的是未来

近视的人往往只考虑眼前的丁点利益，而往往失去未来大好的前景。

从前，有一只老虎在山林中捕猎，不小心踩中了猎人布下的兽夹，它的一只爪子被兽夹牢牢地夹住了，怎么挣扎也拔不出来。

老虎又痛又害怕：若是一会儿猎人来了，它只能束手待毙，一点反抗能力都没有。

老虎越想越急，最后没有办法，只得狠狠心咬断了自己的爪子才得以脱身。

其实老虎这样做并不是不爱惜自己的爪子，而是实在没有其他的办法可以选择了。经过再三衡量得失，老虎觉得与其保全爪子而送掉性命，倒不如舍弃爪子保住性命。这只老虎真是太聪明了。

俗话说"针无两头利，蔗无两头甜"，凡事或有利有弊，愚者取其弊，智者抓其利。上面这则寓言中的老虎不失为一位智者，它能充分看到爪子被夹这件事的利害关系，选择了智者才能做的选择——丢车保帅。

摩根财团是世界上为数不多的巨型公司，有华尔街金融帝国主宰者之称。1835年，美国一家名为伊特纳的火灾保险公司组建。当时，面临困境的摩根也报名当上了股东。不凑巧的是，没过多久，就有一家客户不慎起了大火。公司如果按规定全部付清这家客户的赔偿金，那就意味着破产。

消息传出，股东们悲观失望，纷纷要求退还股金。面对困境，摩根把信誉放在第一位，想方设法筹措款项，把要求退股的股东股份全部低价收购，终于使投保的客户一分不少地得到了赔偿金。摩根虽然当上了伊特纳火灾保险公司的老板，可公司却面临着破产的危险。为了拯救公司，他只好硬着头皮做广告说：赔偿金一律加倍收取，出乎意料的是，前来投保的客户络绎不绝。

待人处世，千万不能换上"近视症"，将眼光放得长远些，获得的利益才能更长久，发展的才能更有前途。

08 刚柔并济，
不可一头撞南墙

以柔克刚的智慧并非让我们在面对强者时一味退缩、忍让，而是让我们适时地避开锋芒，与别人巧妙的周旋，最终达到制胜的目的。

一日，狮子和驴约好一起外出打猎。它们找到了一个打猎的好地方，那是一个野山羊们栖身的山洞。

于是，狮子和驴蹑手蹑脚地走到了山洞外。很有打猎经验的狮子静静地埋伏在洞口侧面，等待着野山羊自投罗网。驴却径自地进入了洞里，在野山羊中一顿狂蹦乱跳，再加上驴那独有的叫声，吓得野山羊们纷纷逃散。

野山羊们由于受到了惊吓，漫无目的地乱跑，狮子很容易就抓到了一只。这时驴从洞里趾高气扬地走出来问狮子："我把野山羊全赶了出来，这样算不算得上骁勇善战？"狮子很无奈地对他说："说句实话，即便山洞里是一群狮子，在不知道你是一头驴的情况下也会给吓个半死的。"

俗语说："百人百心，百人百姓。"有的人性格内向，有的人性格外向，有的人性格柔和，有的人则性格刚烈，各有特点，又各有利弊。然而纵观历史，我们不难发现，往往刚烈之人容易被柔和之人征服利用。太过于嚣张的民族，往往越容易被低调的民族所征服。

冒顿是匈奴单于头曼的太子，头曼后来又喜爱别的妻子生的小儿子，想废掉冒顿而立小儿子为太子。冒顿便杀掉头曼，自立为单于。

当时东胡强盛，听说冒顿弑父自立，内部形势不稳定，乘机挑衅，派使者到冒顿那里，索要头曼的一匹千里马。

冒顿问左右大臣，大臣们都说："千里马是匈奴的宝马，绝不能送给他。"

冒顿沉吟着说："东胡索要千里马不过是个借口，假如我们不给，他就有理由攻打我们，就要发生战争。"

左右大臣都攘臂愤慨地说："宁可和他们拼一生死，也绝不可示弱送马。"

冒顿说："打起仗来就要损失几千几万匹马了，人死得更要多，不值得为了一匹千里马付出如此大的代价，况且都是邻国，在乎一匹千里马也显得过于小气。"冒顿便派人把千里马送给东胡。

过了不久，东胡又派人来索要单于的一个阏氏（单于的妻子称为阏氏），冒顿又问左右大臣。左右大臣都义愤填膺，说："东胡太没有道义了，竟敢索要阏氏，是可忍，孰不可忍，请您下令发兵攻打他。"

冒顿说："为了一名女子和邻国大动干戈，损失人马牲畜无数，太不值得了，况且和人家邻国友好，何必吝惜一名女子。"便又把东胡索要的阏氏送了出去。

东胡王见所求斩获，意气骄横，根本瞧不起冒顿单于，又派使者见冒顿，说："你我两国边境之间有块空地，有一千多里，你匈奴也到不了那里，把这块地送给我吧。"冒顿又问左右大臣该如何。左右大臣们说："这本来就是块无用的土地，给他也可以，不给也可以。"

冒顿闻言大怒，说道："土地是国家的根本，怎么能把土地送给别人？"凡是说可以把地给东胡的大臣都被他斩首，然后下令，集中兵马，有敢迟到者一律斩首，便亲率大军袭击东胡。东胡素来轻视匈奴，全然不加防备，冒顿一举消灭了东胡，把东胡的百姓和牲畜占为己有。

冒顿弑父自立，虽属自保，也显露出他凶猛残忍的天性，然而面对东胡的无理要求，却一忍再忍，而且忍常人所不能忍，这是因为他要成就常人所不能成就的事业。当时东胡最为强大，东胡敢于提出无理至极的要求也是倚仗自己的实力，索要千里马和阏氏不过是想挑起事端，以便自己出师有名，假如此时冒顿不答应请求，正式开战，一定占不到上风。

冒顿偏偏都忍住了，要马给马，要人给人，就是不给你开战的理由。另外也以谦卑懦弱的姿态达到骄敌、愚敌、痹敌的目的，同时用所受到的耻辱来激发国内斗士的血性，"知耻近乎勇"，耻辱常常会增强斗志。

东胡见所求无不获，心满意足，既不把匈奴放在眼里，也不屑出兵攻打了，却不知"骄兵必败"，在表面的胜利中，已经输掉了最关键的战争要素。

阳刚是年轻人的标志，然而处事过于阳刚就不明智了。遇到问题应该以冷静的心态去对待，在某些不能直接解决的问题上不妨退一步考虑，以一种柔弱的态度转到另一个方向去解决，这就是那些会办事的人通常采取软硬兼施手段的原因了。

09 反省自己，
能让自己变得更强

找不到人生正确的方向，是始终都无法让人生闪烁那灿烂夺目的光彩的。

古时候有个人想到南方的楚国去游玩，可是他所乘的马车却一直朝北行驶。

有个认识他的人问他："你去楚国为什么要往北走，那样根本到不了楚国"。这个人却回答："我的马是最好的，肯定可以到。"那人又提醒他："即使你的马再好，可是你走的方向不对呀！"他却回答说："我带的路费很多，不愁走不到。"那个人叹着气说："你的路费准备的再充足，可是你现在走的路，却不是到楚国去的呀？"他固执地说："这个你就放心好了，我的车夫驾车的经验特别丰富，一定可以到的。"

于是他便乘车北去了。结果可想而知，他的马跑得越快、他就离楚国越远，根本到达不了目的地。

时光不能倒退，所以我们应该更加珍惜我们现在所做的一切事情，更应该在人生的道路上适时地检查自己所走的道路是否正确，并将不正确的扶正，免得将大把的光阴浪费在无用功上。

内德·兰塞姆是美国纽约州最著名的牧师，无论在富人区还是贫民窟都享有极高的威望，他一生一万多次亲临临终者的床前，聆听临终者的忏悔。他的献身精神不知感化过多少人。

1967年，84岁的兰塞姆由于年龄的关系，已无法走近需要他的人。他躺在一间教学楼里，打算用生命的最后几年写一本书，把自己对生命、对生活、对死亡的认识告诉世人。他多次动笔，几易其稿，都感觉到没有说出他心中要表达的东西。

一天，一位老妇人来敲他的门，说自己的丈夫快要不行了，临终前很想见见他。兰塞姆不愿让这位远道而来的妇人失望，于是在别人的搀扶下，他去了。

临终者是位布店老板，已72岁，年轻时曾和著名音乐指挥家卡拉扬一起学吹小号。他说他非常喜欢音乐，当时他的成绩远在卡拉扬之上，老师也非常看好他的前程，可惜20岁时，他迷上了赛马，结果把音乐荒废了，要不然他可能是一个相当不错的音乐家。现在生命快要结束了，而自己却一生庸碌，他感到非常遗憾。

他告诉兰塞姆，到另一个世界里，他决不会再做这样的傻事，他请求上帝宽恕他，再给他一次学习音乐的机会。兰塞姆很体谅他的心情，尽力安抚他，答应回去后为他祈祷，并告诉他，这次忏悔，使牧师也很受启发。兰塞姆回到教堂，拿出他的60多本日记，决定把一些人的临终忏悔编成一本书，他认为无论自己如何论述生死，都不如这些话能给人们以启迪。他给书起了个名字，叫《最后的话》，书的内容也从日记中圈出。可是在芝加哥麦金利影印公司承印该书时，芝加哥发生了大地震，兰塞姆的63本日记毁于火灾。1972年《基督教真理箴言报》非常痛惜地报道了这件事，把它称为基督教界的"芝加哥大地震"。兰塞姆也深感痛心，他知道凭他的余年是不可能再回忆出这些东西的，因为那一年他已是90岁高龄的老人。

兰塞姆1975年去世。临终前，他对身边的人说，基督画像的后面有一个牛皮信封，那里有他留给世人"最后的话"。兰塞姆去世后，葬在新圣保罗的大教堂，他的墓碑上工工整整地刻着他的手迹：假如时光可以倒流，世上将有一半的人成为伟人……

另据《基督教真理箴言报》报道，这块墓碑也是世界上唯一一块带有省略号的墓碑。

假如时光可以倒流，世上将有一半的人成为伟人……但时光不能倒流，我们只能早作悔悟，而不是等到生命的尽头才意识到：自己本可以成为另一种人。常常反省、修正自己的人生之路，让生命之旅发出应有的光辉。

10 绅士风度，凡事力戒莽撞

发热的头脑容易干出很多愚蠢的事情。

有几条饿狗到处寻找食物。当他们来到一个湖边，发现湖里漂浮着一只被淹死的小鹿，但是这条小鹿离岸边却很远。于是，其中一条狗便出主意说："如果咱们几个一起努力将湖水喝干，那咱们就可以吃到那只淹死的小鹿解饿了。"这几条狗可能是真的饿昏了头——忘了狗也是会游泳的，最要命的是这么愚蠢的主意，居然被一致通过了。

于是几条饿昏头的狗便张开大嘴，大口大口地喝起了湖水。不料没等到湖面下降，几条饿狗就已经被撑死了。

寓言中的几条狗在遇到饥饿这种危机时，就不能静下心来处置，故而当他们发现湖里有死鹿的时候，居然头脑发昏地想出了——吸干湖水这么愚蠢的处理方法，致使它们在这场危机中一命呜呼。

头脑发热的人往往做事情会失去逻辑性和正确性，因此每当我们不理智的时候，一定要克制住，千万不能头脑一热就做出一些愚蠢的事情来。

三国时，在蜀国的全盛时期，魏延也算是一员猛将，但在"五虎将"面前还算不了什么。在经过东征西伐之后，"五虎将"相继死去的时候，魏延就成了无人能敌的战将，他也由此有了值得骄傲的资本。此间他不但被封为南郑侯，还被封为征西大将军。但魏延并不像诸葛亮那样为蜀国大业鞠躬尽瘁和竭尽忠诚，而是想自图霸业。他此时的心态已膨胀得不能自控，仿佛觉得他已经是天下第一高人，无人能与其匹敌了。于是他头脑便发热了。

当姜维斥责他说："反贼魏延！丞相不曾亏你，今日如何背反？"魏延横刀勒马而言曰："伯约，不干你事。只教杨仪来！"杨仪在门旗影里，拆开锦囊视之，如此如此。杨仪大喜，轻骑而出，立马阵前，手指魏延而笑曰："丞相在日，知汝久后必反，教我提备，今果应其言。汝敢在马上连叫三声'谁敢杀我'，便是真大丈夫，吾就献汉中城池与汝。"

魏延大笑曰："杨仪匹夫听着！若孔明在时，吾尚惧他三分；他今已亡，天下谁敢敌我？休道连叫三声，便叫三万声，亦有何难！"遂提刀按辔，于马上大叫曰："谁敢杀我？"一声未毕，脑后一人厉声而应曰："吾敢杀汝！"手起刀落，斩魏延于马下。众皆骇然。斩魏延者，乃马岱也。原来孔明临终之时，授马岱以密计。只待魏延叫时，便出其不意斩之；当日，杨仪读罢锦囊计策，已知伏下马岱在魏延身边，故依计而行，果然摆平了魏延。

总之，做人在任何时候都不要让得意冲昏了头，否则必遭悲惨下场。

踌躇满志、春风得意，是人人向往的人生境界。但是得意却不可忘形，如果被一时的得意冲昏了头脑，就会故步自封、停滞不前。要随时保持清醒的头脑，懂得时刻反省自己，这样才能顺达一生。

11 成大事者有勇气，
不惧失败

　　自信在左，失败在右；靠近自信便倾向成功，靠近失败便远离自信。

　　野兔们为时常受到惊吓而苦恼。一日，野兔们聚在一起交流身为兔子的苦恼，结果越议论越觉得兔子的缺点多，都为自己身为兔子感到悲哀，于是便一致决定跳到湖里自杀。

　　当野兔们成群结队地奔到湖边之后，那些躺在湖边休息的青蛙，听到了它们的脚步声纷纷惊慌地跳进了水里。有一只野兔发现了这个情况，便对其余的野兔们说："朋友们，咱们先别自杀，刚才你们有没有看到那些青蛙呀？它们比咱们的胆子还小呢！只是听到了一点点声响，就吓得跳到湖里自杀了！"其余的野兔也都纷纷觉得：它们不再是最可悲的动物了，便都取消了自杀的念头。

　　兔子们之所以自杀无怪乎是他们对自己没有自信心，一旦它们抛弃了自卑心，自信心就又回到了它们的身边。

在现实生活中，我们都有这样的发现，有些并不聪明甚至貌不惊人的人做出了惊人的成绩。

相反，有些耳聪目明，各方面条件都很不错的人却成绩平平，这是为什么呢？这正应了一句老话：上帝并不偏爱每个人。事实上，每个人都想成才，都想获得成功，获得成功的条件有四个因素，才能、机遇、困难、努力程度，困难中，最难把握也最难取胜的是战胜自己，战胜困难，拿出自己的智慧敢于拼才会赢。

1907年，刚刚进入职业棒球界不久的派特，曾遭到有生以来最大的打击，因为他被开除了。

派特这样描述当时的情况，我的动作无力，因此球队的经理有意要我走人。球队负责人对我说："你这样慢吞吞的，好像是在球场混了20年一样。法兰克，离开这里之后，无论你到哪里做任何事，若不提起精神来，你将永远不会有出路。"

"当时我的月薪是175美元，离开之后，我参加了亚特兰斯克球队，月薪减为25美元。薪水这么少，我做事当然没有热诚，但我决心试一试。在球队呆了10天左右，一位名叫丁尼·密亨的老队员就把我介绍到新凡去。在新凡的第一天，是我一生的最重要转折点。"

"因为在那个地方没有人知道我过去的情形，我暗自决心一定要变成新英格兰最具热诚的球员。为了实现这个目标，当然必须采取行动才行。""我一上场，就好像全身带电一样。我每一次都尽全力地去投球，使接球的人双手都麻木了。记得有一次，我以猛烈的气势冲入三垒，那位三垒手吓呆了，球漏接，自然我就到垒成功了。当时气温高达华氏100度，我在球场奔来跑去，极有可能中暑而倒下去，但我坚持下来了。"

"这种热诚所带来的结果，真令人吃惊，因为他产生了下面的三个作用：

（1）当时我只想着投出最好的球，精力集中，发挥出了意想不到的技能。

（2）由于受我的热诚感染，其他的队员跟着热诚起来。

（3）当时，并且我在比赛中和比赛后，感到人没有如此健康过。"

"第二天早晨，报上的报道更是使我兴奋不已。报上说："那位新加进来的派特，无疑是一个霹雳球员，全队的人在他的影响下，都充满了热诚。他们不但赢了，而且是打出了本季最精彩的一场比赛。'"

"由于我热诚的态度，我的月薪由25美元提高为185美元，多了7倍。""在往后的两年里，我一直担任三垒手，薪水加到以前30倍之多。为什么呢？就是因为一股热诚，没有别的原因。"

可是很不幸，就在派特棒球水平越来越高时，他的手臂受伤了。

派特只好放弃了打棒球。放弃打棒球的派特在一家保险公司当了保险员。

在刚工作的头一年里，他什么成绩都没做下，心里很苦闷。这时，他想起了当初打棒球的情形。于是他又变得热诚起来，就像当年打棒球那样。经过多年的奋斗，派特做出了骄人的业绩，成为人寿保险界的大红人。许多人都请他撰稿，还有人请他讲叙自己的经验。他说："我已经从事推销30年了。我见到过许多人，由于对工作抱着热诚的态度，使他们的收入成倍地增加起来。我也见到另外一些人，由于缺乏热诚而走投无路。我深信唯有热诚的态度，才是成功推销的最重要因素。

不论一个人干什么，不管事后如何，成败姑且不谈，就说认定一件事你有没有勇气去做，假如你连做的勇气都没有，成败就是无从谈起的事情，只要有勇气，做了才会有成功的可能。

12 太过安逸
必生乱

生长在温室里的花，是经不起风吹日晒的。

在一个奇冷的冬夜，富有的赵员外和有学问的陈老夫子正在家中赏乐，忽有一乞丐来行乞，而且自称不怕冷，只是饿了。

赵员外给他吃饱之后，想弄清楚乞丐为何不怕冷。于是二人商定打赌——乞丐只要在员外院里的歪脖树下呆上一夜而不被冻死，就可赢得五百亩良田，一套豪宅和一家当铺。当晚，乞丐不停地打太极、练武术，最终挨到了东方现出一缕红色的曙光，他赌赢了。乞丐因此发了财，娶了娇妻，也成了一位员外。

三年后，又是一个寒冷的冬夜，"乞丐员外"夫妇来赵员外家做客，陈老夫子作陪。赵员外说："你现在也是员外了，不过还不如我富，你敢不敢再赌一次，赌注还是和原来一样：你若是再赢了，就比我富了，而且是全城首富。想不想再赌一回？"乞丐员外"本来不想再赌，但"乞丐员外"的娇妻受不了"全城首富"的诱惑，对他撒娇不止，终于双方签下生死文书再赌一回。

"乞丐员外"还想再像三年前那样打太极练武术，但发现自己步伐已乱，四肢不灵，全没了天人合一的能力，最后终于冻死。

陈老夫子对赵员外总结说："他以前能赢你，是因为他原本就饥寒交迫，所以抗冻能力强；现在他和你一样了，吃好的、穿好的，抗冻能力自然就降低了，所以在同样的条件下会被冻死的！"

顺利的境遇，优越的地位，富足的资财、舒适的生活，似乎应该是个人、家庭以致民族发展的有利条件。

然而，事实并非如此——满清的八旗子弟就是最好的例子，这个马背上的民族曾是骁勇剽悍的，但成了统治阶层后，不过几代，八旗子弟就沉醉于安乐享受之中，清朝的灭亡也随之来临。当然，故事中的乞丐也是这种情况。所以还是不要让自己的生活太安逸为好，太安逸的生活并不会为自己带来什么好处。

人们都知道勾践卧薪尝胆成为霸主的故事，然而很少有人知道勾践为什么之前被夫差打败并为奴三年的原因，其实夫差也是生于忧患的人。夫差是吴王阖闾的儿子，春秋末吴国国君（前495—前473）。公元前四九六年越王允常死，其子勾践继位。吴国起兵攻越。吴越两军战于檇李（今浙江嘉兴南）。吴国的军队阵列整齐严肃，越王勾践派敢死队冲锋失败，就改用罪人在阵前集体自杀，吸引吴军的注意力，然后偷袭吴军，越将灵姑浮挥戈刺伤吴王阖闾，吴军败退，阖闾死于途中，其子夫差继位。夫差为报父仇，派专人侍立宫门，每逢夫差出入，便发问："夫差，越王杀害你父亲的仇恨你忘掉了吗？"夫差则回答："不敢忘！"终于在公元前497年，吴在夫椒（今江苏吴县西南太湖中）大败越军，迫使越国臣服，并让越王勾践到吴为奴三年。公元前485年，夫差在黄池（今河南封丘西南）会盟诸侯，击败晋而成为霸主。

遵循"生于忧患，死于安乐"的智慧，我们便不难找到一种生活之道、成功之道！我们应该在年轻的时候，多把自己放在逆境中，不仅会磨炼敲打出许多美好的品性，也增强了生活的能力，扩展了视野，掌握了很多技能。

13 蝇头小利，
会坏了你的大事

　　没有不劳而获的美差，也没有天上掉馅饼的好事。如果有意外的收获摆在你眼前，可能陷阱就在附近。

　　有一个很爱占便宜的农夫，平时只要有便宜可占，他都不会放过。

　　有一天，他从一个草堆旁经过的时候，听到里面有声音传出，仔细听听好像是鸡叫，于是农夫循着叫声轻轻拨开一看，草堆里竟然藏着一只野鸡，在野鸡旁边还有刚刚下的蛋。农夫一手抓住野鸡，一手拿着鸡蛋，心里就别提多高兴了，心想：这不是天上掉馅饼吗！明天估计还会有别的野鸡来这儿下蛋，只要我守住这个草垛，天天来抓，就会抓到更多的野鸡和鸡蛋了。农夫心里美滋滋地想着，于是又把草堆掩饰好并打算第二天起个早，免得便宜让别人捡去了。

　　第二天农夫很早就来到了这个草堆旁，没想到里面果然有动静，农夫得意的伸出手向草堆里抓去。心想，自己的运气真是好啊！然而，这次农夫却没有摸到鸡，只摸到了一个滑滑的、凉凉的东西。坏了，蛇！当农夫本能地想到这一点时，想抽手已然来不及了，蛇已经咬中了他。惊慌中，农夫看到一条大毒蛇慢慢地爬了出来，很快农夫就中毒身亡了。

天下没有免费的午餐，如果有，那也只是欺骗你的诱饵。故事中的农夫就是受了这种爱贪便宜的诱饵的欺骗，从而断送了自己性命的。故而，生活中一定要止住这种贪念，否则必定日后会吃大亏的。

小张在朋友家里认识了一位名叫小李的无业人员。小李得知他是文物保卫单位的保卫干事后，表现得十分热情。兄弟长、兄弟短地叫个不停，当天就在饭店请客，显得特别重义气。

此后，小李经常去单位找小张。每次去都没有什么正经事，只是说"来看看小兄弟"，然后闲转一圈拉着小张在外边吃饭。每顿饭都是有酒、有肉、有菜。爱占小便宜的小张也乐得趁机改善改善生活、安慰安慰嘴巴。他对小李也是有求必应、有问必答，毕竟"吃人家的嘴短"嘛。不管怎么说，在外人看来，俩人成了感情不浅的好朋友。

实际上，小李和小张拉关系是有自己的目的。同时，他也抓住了小张爱占小便宜这一心理，投其所好，今天请他吃顿饭，过几天再找个理由送他一条领带什么的。慢慢地，取得了小张的信任。

有一天晚上，小李把小张约到了自己家里要和他"喝两盅"。和往常一样，小张如约而至。俩人你一盅，我一盅边喝边聊起来。渐渐地，小张不胜酒力醉倒在床上。

那一夜，小张挂在腰间的单位展览室的钥匙被小李摘下偷配了一把。

三天后，小李盗走了展览室的几件珍贵文物。

一个月后，失窃案告破，小李被抓获。

不久，小张因失职被开除公职。

在待人接物的过程中要时刻保持冷静的头脑和谨慎的态度，尤其要当心那种突然升温的友情。不要贪图眼前的小利，否则只会把自己置于不利的境地。

14 无谓的争执，
会影响你集中精力办大事

你如果与一个不是同一重量级的人争执不休，就会浪费自己的很多资源，降低人们对你的期望，并无意中提升对方的影响力。

有一次，一只鼬鼠向狮子挑战，要同它决一雌雄。

狮子果断地拒绝了。

"怎么，"鼬鼠说，"你害怕了吗？"

"非常害怕，"狮子说，"如果答应你，你就可以得到与狮子比武的殊荣；而我呢，以后所有的动物都会耻笑我竟和鼬鼠打架。"

老子《道德经》里有这样一句话："夫唯不争，故无尤。"意思是说，由于不争功名，不求私利，所以从来都不会有过失。这正是寓言中所反映出来的狮子的心态，只有这种心态的狮子才能成为王者。

老子心目中的"不争"，即要求个人在处世过程中要具有谦退而不你争我夺的品格，能在合适的位置上，即便是处在十分卑下的地方，也能始终如一地永远付出着，能够"心善渊""事善能"，充分实现自己的人生价值，而没有怨咎、遗憾、悔恨。

明太祖朱元璋打天下时，手下有一批文臣武将，等到朱元璋当了皇帝，这批人就按出身地域分成了两派，其中一派就以开国第一功臣李善长为首。两派人在朝廷上明争暗斗，全力打击对方，为自己一派争权夺利。满朝文武均不能免，纷纷卷入这场政治大漩涡中。只有一个人能洁身自好，这个人就是刘基，字伯温。刘基从小就具有兼济天下的抱负，初入仕途就敢于与恶势力抗争，为新昌州命案平反昭雪，因此，得罪了蒙古权贵而去职。朱元璋招揽他之后，刘基屡建奇勋，为消灭元政权，统一全国作出了卓越贡献。功成之日，他就急流勇退，借故回乡，朱元璋要他进京同盟勋册，才迫不得已出山，接受诚意伯封号，食禄240石。论功应以徐达、刘基为首，刘基却甘愿退居36功臣的末位；论赏，丞相李善长年俸4000石，是刘基的16倍强，但他毫无怨言，淡泊自奉，生前木屋数椽，死后土坟一堆，从来不羡功名富贵，不结党、不营私，以致朱元璋不得不赞叹"满朝有党，唯独刘基不党"。当他见到以枯荷披身行走在雪地上的老者时，就想起伊尹来，说："一夫不被其泽，则心生愧耻，若挞于市。"可见刘基对天下苍生常挂心头。他一生以伊尹、诸葛亮等往圣为榜样，自砥自砺。

结党营私的两派人马均不得善终，朱元璋对这两派人都狠狠地弹压。因此后来人也只知有刘伯温而不知有李善长。

人是十分脆弱的，也是经不起诱惑的，不拼命追求好事，也是对自己的爱护。人们应该有顺其自然的心态，凡事不要过于强求，以冷静的心态面对那些没有意义的纷争，省出更多的时间做那些更有意义、更有价值的事。

15 不因善小
而不为

　　一个人要想在这个世界中生存得更好，就应该注意到该注意的任何事。做到比别人更完美，才会赢得更多的生存和发展机遇。

　　北京某外资企业招工，报酬丰厚，要求严格。一些高学历的年轻人过五关斩六将，几乎就要如愿以偿了。

　　最后一关是总经理面试。在到了面试时间之后，总经理突然说："我有点急事，请等我10分钟。"总经理走后，踌躇满志的年轻人们围住了老板的大办公桌，你翻看文件，我看来信，没一人闲着。10分钟后，总经理回来了，宣布说："面试已经结束，很遗憾，你们都没有被录取。"

　　年轻人惊惑不已："面试还没开始呢！"总经理说："我不在期间，你们的表现就是面试。本公司不能录取随便翻阅领导文件的人。"年轻人全傻了。

　　许多问题因为小，所以不会引起太多人的注意。但并不等于所有的人都不注意。在职场上拼搏，你必须做一个有心人。学会用心关注每一个细小的地方。在这些地方同样做到完美无缺，才不会让自己在不经意间失利。

日本某公司的一位小姐专门负责与她们公司有业务往来的客商的接待工作。其中与她们公司有重大业务往来的是一家德国公司。为清楚地了解两家公司的合作项目，德国公司的经理需要经常往来于东京和他们的投资地大阪，而订票的工作也就理所当然的是那位小姐的了。但令那位德国经理奇怪的是：他坐车去大阪时他的座位总是在右边，而当他返回东京时，座位却都在左边，而且每一次都是这样，从来都没有一次例外。

终于有一次，他忍不住问了这位小姐。小姐微笑着对他说："我想外国的客人来到日本肯定都喜欢见到富士山那雄浑傲伟的身姿，所以我就给您做了这样的安排。这样您便可以在任何时候都能见到富士山了。"德国经理听到这样的话备受感动。他认为日本这家公司的员工细致入微，连这样的小事都能够想到，与他们合作自然是毫无差错了。于是他决定，给这家公司增加250万美元的贸易额。

这位小姐的做事风格无疑会受到上司的赏识。也正是把这点工作中的小事做到了位，才让两家公司的贸易额大幅增加。

任何事的发生都有可能导致两种不同的结果。一种是向我们希望的方向发展，另一种则是向我们不希望的方向发展。在工作中，道理同样如此，但值得注意的是工作中的小事所导致的结果有时会让你猝不及防，它可以让你一瞬间占尽优势，也可以让你在一瞬间失利。

16 付出，
不仅仅是因为回报

不是为了收获回报而付出，因为这种付出并非是自愿的，而回报往往也是被迫的，人与人之间缺少的是一种无私的互助。

小彼得是商人的儿子。有时他到爸爸的商店里去瞧瞧。店里每天都有一些收款和付款的账单要经办。彼得往往受遣把账单送到邮局寄走。他渐渐觉得自己似乎也已成了一个小商人。

有一次，他忽然想出一个主意：也开一张收款账单寄给妈妈，索取他每天帮妈妈做点事的报酬。

某日，妈妈发现她的餐盘旁边放着一份账单。

母亲欠她儿子彼得如下款项：

为取回生活用品：20芬尼

为把信件送往邮局：10芬尼

为在花园里帮助大人干活：20芬尼

为他一直是个听话的好孩子：10芬尼

共计：60芬尼

彼得的母亲仔细地看了这份账单一遍，什么也没说。

晚上，小彼得在他的餐盘旁边找到了他所索取的60芬尼报酬。正当他要把这笔钱收进口袋时，突然发现在餐盘旁边还放着一份给他的账单：

彼得欠他母亲如下款项：

为在她家里过的10年幸福生活：0芬尼

为他10年中的吃喝：0芬尼

为在他生病时的护理：0芬尼

为他一直有个慈爱的母亲：0芬尼

合计：0芬尼

小彼得读着读着，感到羞愧万分！他怀着一颗怦怦直跳的心蹑手蹑脚地走近母亲，将小脸蛋藏进了妈妈的怀里，小心翼翼地把那60芬尼塞进了她的口袋。

当我们还在计算我们的付出应该有多少回报时，我们有没有想过，对于别人为我们所做的事情，我们到底回报了多少。其实，生活中许多事情是无法计算得失的。既然我们生活在一起，就应该相互关爱、相互扶持，尤其对于我们的亲人，我们为之付出的永远太少了。

秦穆公要派军队远征郑国。

秦、郑之间还隔着一个强大的晋国。丞相蹇叔提醒穆公，这仗打不得，但秦穆公坚持要出兵。蹇叔的儿子白乙丙是出征的第三号将军。蹇叔送行时对儿子说："晋国人必然在崤谷设防，这一带是狭谷，你们必然死于这里，到时，我会到那儿去替你们收尸。"秦军由孟明视、西乞术、白乙丙统领出发，半途遇到郑国的牛贩子弦高。弦高假称自己是郑国使者，特意赶来犒劳秦军的，使孟明视等人认为郑国已有了准备，只好放弃攻打郑国，顺手牵羊灭了滑国，班师回国。在返回的路上，他们在崤谷果然中了晋军的埋伏。孟明视等三位大将被俘。后经晋文公夫人文嬴说情，晋文公放了三位将军，让他们回到秦国。

秦穆公听说三位大将已被释放回来，赶忙穿着素服，远远地到郊外迎接败将。面对归来的三人，秦穆公哭着说："是我没有听从丞相蹇叔的劝告，使你们受败蒙辱，这全是我的罪过，你们没有罪！"于是，仍让孟明视等统领军队。

秦穆公的罪己之术，不仅获得了秦国上下军政人员的崇敬，而且还使孟明视等三人为报答秦穆公的不杀之恩，更加死心塌地为他效力。

朋友，不管你是领导还是百姓，不管你是贫穷还是富有，任何时候都不要吝啬。不要吝啬你的关爱、你的友谊；不要吝啬你的阳光、你的微笑。学会处处、时时进行感情投资，那么，家庭会更加和睦幸福，社会会更加和谐稳定，国家会更加繁荣昌盛！

17 该放手时 要放手

舍得舍得，有舍才能有得。小舍小得，大舍大得，不舍不得。

有一位旅者，经过险峻的悬崖，一不小心掉落山谷，情急之下攀抓住崖壁下的树枝，上下不得，祈求佛陀慈悲营救。这时佛陀真的出现了，伸出手过来接他，并说："好！现在你把攀住树枝的手放下。"但是旅者执迷不松手，他说："把手一放，势必掉到万丈深渊，粉身碎骨。"旅者这时反而更抓紧树枝，不肯放下。

这样一位执迷不悟的人，佛陀也救不了他。

在待人处世的过程，一定要彻底杜绝患得患失的毛病，不要总盯着鼻子跟前的蝇头小利。千万别忘了"舍不得孩子套不住狼"这句中国的老话。为了获大利，就不能计较一时一事的得失，因为真正笑到最后的人，往往就是拿到西瓜而不在乎丢掉一两粒芝麻的人。

秦国能扫平六国、统一天下，在很大程度上就是靠"舍"达到的，其中重金贿赂赵国重臣郭开，诱使赵王阵前换将就是最明显的一例。

据史书记载，大梁人尉缭来到秦国后，向秦王提出了一个"以舍取国"的计策，他对秦王说："以秦国目前的强势，其他诸侯已如同秦国的郡县而已了。但最怕的是我们一时大意，让诸侯因利害相结合。所以我希望君王能舍得花大钱贿赂诸侯的豪臣，以乱其政策。大约三十万金左右，便可以把诸侯完全消灭掉。"

秦王政听完尉缭的建议后，非常高兴。对于尉缭的建议照单全收，并且在吞并六国的斗争中适时加以运用。

长平一战，赵国损失惨重，被迫将晋北太原之地和晋中南的上党之地先后割让给秦。到秦王政时，赵国尚拥有中山、邯郸、河间等地，北有云中、雁门、代等边郡与匈奴相抗衡，西以太行山脉为屏障隔挡秦国。而齐、魏、燕国势日衰，所以赵国仍不失为东方强国。而且，赵国地处东方诸国之中枢，在秦国向中原进兵时，赵国既为韩、魏之后援，又遮掩了秦对齐、燕两国战争的锋芒。因此，秦统一六国，赵国最为关键，所以秦始皇发动了大规模的灭赵战争。

秦国发动对赵战争，由名将王翦主持，从始皇十一年开始，到始皇十九年结束，先后达九年之久，大致分为两个阶段。

第一阶段为始皇十一年至十四年，这是灭赵战争的准备阶段。秦国乘赵用兵于燕之际，由王翦亲率主力从晋中南上党地区出发，向太行山高台地区的赵军发动攻击，一举攻占了阏与、僚阳，直逼赵都邯郸。王翦又令桓齮率部由南阳出发，沿太行山东南麓前进，攻取了河间六城，直接威胁邯郸南部。

赵国则针锋相对，分两路抵御秦军，西路由名将李牧率军对抗王翦，南路以扈辄为将阻挡桓齮。秦、赵对峙近两年，王翦军遭到李牧的有力阻击，不得前进；桓齮则在始皇十三年攻占了邯郸东南之平阳、武城，斩赵军10万，杀赵将扈辄。

第二年，桓齮又率部绕道上党，攻取了赵之赤丽、宜安，加紧了对邯郸的包围。秦王政亲赴河南，部署克邯郸的战事。当此紧急关头，赵国急抽调李牧南下，将桓齮击败于宜安、肥下。桓齮畏罪逃往燕国，秦国灭赵战争受挫。第二阶段是始皇十五年至十九年，这是灭赵之战的关键阶段。王翦因前次西进受挫于李牧，遂改道北移，率主力由太原进攻井陉关，企图出井陉关占领邯郸以北地区；另一部仍由南路经部邑、安阳进攻邯郸之南。赵国主将李牧揣测到秦军改道的意图，便移主力北上，扼守井陉关，对抗王翦；而令司马尚率另一部赵军据守邯郸之南，以抵御南路之秦军。结果，秦、赵两军又分别在北线和南线成对峙状态。王翦被李牧阻于番吾，南路秦军被司马尚所挡，又是两年时间，秦军未得进展。

秦国为了打破战争的僵局，按照尉缭的计策，派人来到赵国，重金收买了赵王的宠臣郭开，令郭开挑拨赵国君臣关系，"言李牧、司马尚叛反"。昏庸的赵王听信谗言，派赵葱及齐将颜聚替代李牧。李牧拒不受命。于是，赵王以召见为名，诱李牧回京入宫，令佞臣韩仓数列其罪状，抓住李牧上朝行礼不恭的把柄，诬告李牧说："将军战胜归来，大王亲自举爵为你祝酒，然将军为寿于前而捍匕首，当死！"李牧申辩说："臣身大臂短，不能及地，起居不敬，为此，特意请人给臣用木棒接长了手，并非袖藏匕首。大人若不信，请让臣伸出手来看看。"说罢，李牧将接的手伸出衣袖，状如棒捆，以布缠之，对韩仓说："请公人告大王。"韩仓不肯通报，说："受命于王，赐将军死，不赦！"李牧自知无救，北面再拜赵王赐死之命，步出宫门，右手举剑自诛，因臂短，便不及颈，遂口衔着剑，靠着柱子自杀身死。

李牧被杀三个月后，王翦率秦军主力从上党出发，攻克了井陉关，大破赵军，杀了替代李牧的赵军主将赵葱和颜聚。秦军直逼邯郸。秦军另一路从南路进军。原来驻守邯郸之南的赵将司马尚因李牧事件株连被废，赵军南线无得力将领，南路秦军得以顺利抵达邯郸南郊。与北部的王翦军形成南北夹击之势。最后，邯郸城破，赵王被俘，秦国灭赵战争胜利结束。

一件东西，总是紧紧地抓在手里，不舍放下，手里就没有多余的空间来接其他的东西。"舍"与"得"是辩证关系，旧的不去，新的不来。

18 不畏路崎岖，
    是成功者的禀性

不要拒绝泥泞的道路，因为是它在为你书写人生；不要恐惧厄运的降临，因为是它在熔铸我们的性情。

鉴真大师刚刚遁入空门时，住持让他做了谁都不愿做的行脚僧。

鉴真坚持了一年多，意见很大。有一天，已日上三竿了，鉴真依旧大睡不起。住持十分奇怪，就到鉴真的房里去看，见他的床边有一大堆破破烂烂的瓦鞋。住持叫醒鉴真，微笑着说："你今天不外出化缘，摆出这么一大堆破瓦鞋做什么？"

鉴真打了个呵欠说："别人一年一双瓦鞋都穿不破，我刚剃度了一年多，就穿烂了这么多瓦鞋。"

住持一听就明白了，微微一笑说："昨天夜里下了一场雨，你随我到寺前走走吧。"寺前是一座黄土坡，由于刚下过雨，路面泥泞不堪。

住持拍了拍鉴真的肩膀："你是想做一天和尚撞一天钟，还是想真正明心见性、光大佛法？"

鉴真挺了挺胸："我当然是想弘法利生啦！"

住持捻须一笑："你昨天是否在这条路上走过？"

鉴真说："当然。""你能找到昨天的脚印吗？"

鉴真十分不解："昨天这路又坦又硬，哪能找到自己的脚印？"

"再从这条路上走一趟，你能找到自己今天的脚印吗？"

鉴真肯定地说："当然能了。"

主持用深邃的目光凝视着鉴真："泥泞的路才能留下脚印啊。那些一生碌碌无为的人，正是由于不经历风雨，因此，才像踩在又坦又平的路上，什么也没有留下。"

鉴真恍然大悟。

人的一生的确有许多的烦恼与痛苦，可事实告诉我们，逃避与不切实际的希望会令我们更加烦恼与痛苦。仔细想想，假如没有这些烦恼与痛苦，我们能感觉到真正的快乐吗？也许正是因为它们，我们的快乐才会如此真实与强烈。

"我曾是个多虑的人，"阿伯特说道，"但是，1934年的春天，我走过韦布城的西多提街道，有个情景扫除了我所有的忧虑。

"事情的发生只有十几秒钟，但就在那一刹那，我对生命意义的了解，比在前10年中所学的还多。这两年，我在韦布城开了家杂货店，由于经营不善，不仅花掉了所有的积蓄，还负债累累，估计得花7年的时间才能偿还。

"我刚在上星期六停止营业，准备到商矿银行贷款，以便到堪萨斯城找份工作。我像只斗败的公鸡，没有了信心和斗志。

"突然间，有个人从街的另一头过来。那人没有双腿，坐在一块安装着溜冰鞋滑轮的小木板上，两手各用木棍支撑前行。他横过街道，微微提起小木板准备登上路边人行道。

"就在那几秒钟，我们的视线相遇，只见他坦然一笑，很有精神地向我招呼，'早安，先生，今天天气真好啊！' 我望着他，体会到自己是何等富有。我有双足，可以行走，为什么却如此自怜？这位缺了双腿的人仍能如此快乐自信，我这个四肢健全的人还有什么不能的？

"我挺了挺胸膛，本来预备到商矿银行只借100元，现在却很有信心地宣称：我要到堪萨斯城去找一份工作。结果，我借到了钱，也找到了工作。

"现在，我把下面一段话写在洗手间的镜面上，每天早上刮胡子的时候都念它一遍：我闷闷不乐，因为我少了一双鞋，直到我在街上，见到有人缺了两条腿。"

在我们的生活当中，约有90%的事情是好的，10%的事情是不好的。如果你想过得快乐，就应该把精神放在这90%的好事上面；如果你想担忧、操劳，或得肠胃溃疡，就可以把精力放在那10%的坏事情上面。

19 输得起
才会赢

　　胜败实乃兵家常事，也是人生常事。能以客观、平常心去看待这种胜负，不那么计较成败，便可在糊涂时，拥有良好的心情。才不至于在胜利时冲昏头脑，在失败时，耿耿于怀，一蹶不振。

　　有一位教授正在考虑明天给学生们上的一节哲学课，却总想不到一个好的讲题很着急。他六岁的儿子总是隔一会儿就跑到他的书房里去，要这要那弄得他心烦意乱。

　　教授为了安抚他的儿子不让他来捣乱，情急之下从书桌上的一本杂志里找出一张世界地图的夹页，撕了下来然后撕碎了，递给儿子说："来，我们做一个有趣的拼图游戏。你回自己房里去把这张世界地图拼好，我就给你一美元。"

　　儿子出去后，教授把门关上，得意地自言自语："哈，这下可以清静了。"

　　谁知没过几分钟儿子又跑来了，并告诉他图已拼好了。教授大吃一惊急忙到儿子房间去看结果，果然那张撕碎的世界地图完完整整地摆在地板上。

　　"儿子你真棒，不过怎么会这样快？"教授吃惊地望着儿子，不解地问。

"是这样的，"儿子说，"世界地图的背面印有一个名人的头像，只要人拼对了，世界地图自然也就对了。"

教授爱抚着小儿子的头若有所悟地说："说得好啊，人对了，世界就对了——我已经找到明天的讲题了。"

人对了，世界就对了。——正是我们应该对待失败的态度。失败是什么？客观地说它只是没有得到或丢失一些东西；主观地说它只是一种心灵状态而已。客观上的失去或没得到表面上看我们是失败了，但失败不代表一无所获，毕竟我们知道这条路不通向成功，可以选择其他的路。

许多时候，我们都希望事情会如我们想象的方向发展，但是事实却未必如此，失败的阴影总会第一个袭向我们。一旦被它缠住是件很苦恼的事情，它会令我们作怪。当遇到这种情况时，一定要让我们的心灵变换一种状态，抛开压抑从容乐观地对待这种情况。

巴西足球队第一次赢得世界杯冠军回国时，专机一进入国境，16架喷气式战斗机立即为之护航，当飞机降落在道加勒机场时，聚集在机场上欢迎者达3万人。从机场到首都广场不到20公里的道路上，自动聚集起来的人群超过了100万。多么宏大和激动人心的场面！然而前一届的欢迎仪式却是另一番景象。

1954年，巴西人都认为巴西队能获得世界杯赛冠军。可是，天有不测风云，在半决赛中巴西队却意外地败给法国队，结果那个金灿灿的奖杯没有被带回巴西。球员们悲痛至极。他们想，去迎接球迷的辱骂、嘲笑和汽水瓶吧，足球可是巴西的国魂。

飞机进入巴西领空，他们坐立不安，因为他们的心里清楚，这次回国凶多吉少。可是当飞机降落在首都机场的时候，映入他们眼帘的却是：巴西总统和两万名球迷默默地站在机场，他们共举一条大横幅，上书：失败了也要昂首挺胸。

队员们见此情景顿时泪流满面。总统和球迷们都没有讲话，他们默默地目送着球员们离开机场。4年后，他们终于捧回了世界杯。

人不可能永远都是成功者，人也不可能永远都是失败者。面对失败，人们会从中吸取很多教训，为下一次成功打下基础；面对失败者，我们也不要苛求，应该给予更多的信任与支持。善待失败者是对失败的最大轻蔑。

20 该止步的，
必须止步

知足常足，终身不辱，知止常止，终身不齿。

佛下山游说佛法，在一家店铺里看到一尊释迦牟尼像，青铜所铸，形体逼真，神态安然，佛大悦。若能带回寺里，开启其佛光，济世供奉，真乃一件幸事，可店铺老板要价5000元，分文不能少，加上见佛如此钟爱它，更加咬定原价不放。

佛回到寺里对众僧谈起此事，众僧很着急，问佛打算以多少钱买下它。佛说："500元足矣。"众僧唏嘘不止："那怎么可能？"佛说："天理犹存，当有办法，万丈红尘，芸芸众生，欲壑难填，得不偿失啊，我佛慈悲，普度众生，当让他仅仅赚到这500元！"

"怎样普度他呢？"众僧不解地问。

"让他忏悔。"佛笑答。众僧更不解了。

佛说："只管按我的吩咐去做就行了。"第一个弟子下山去店铺里和老板砍价，弟子咬定4500元，未果回山。

第二天，第二个弟子下山去和老板砍价，咬定4000元不放，亦未果回山。

就这样，直到最后一个弟子在第九天下山时所给的价已经低到了200元。眼见着一个个买主一天天下去、一个比一个价给得低，老板很是着急，每一天他都后悔不如以前一天的价格卖给前一个人了，他深深地怨责自己太贪。

到第十天时，他在心里说，今天若再有人来，无论给多少钱我也要立即出手。第十天，佛亲自下山，说要出500元买下它，老板高兴得不得了——竟然反弹到了500元！当即出手，高兴之余另赠佛龛台一具。佛得到了那尊铜像，谢绝了龛台，单掌作揖笑曰："欲望无边，凡事有度，一切适可而止啊！善哉，善哉……"

世事如浮云，瞬息万变。不过，世事的变化并非无章可循，而是穷极则返，循环往复。人生变故，犹如环流，事盛则衰，物极必反。生活既然如此，做人处世就应处处讲究恰当的分寸。过犹不及，不及是大错，太过是大恶，恰到好处的是不偏不倚的中和。

"知足知止"在人们的创业之路上，更多地表现为"该放手时就放手"的智慧——许多创业者曾盲目地坚信"胜利往往来自再坚持一下的努力之中"，结果把企业成本一压再压，甚至连个人的生活都逼到了边缘，最终的结果还是被迫放弃。

第四章
点燃成功人生的魔法棒，引领你成功

　　有时候，当我们经历了人世的喧嚣而渴望一种平静的状态时，当我们在世俗的激流中冲洗、打磨而变得练达、成熟时，我们的心境，就会像一片广阔无际的旷野，我们心灵的深处就会呈现一片自由而高远的天空。世上的事情有时简单得让人难以置信：如果你墨守成规，等待你的只有失败；相反，如果你稍微动一下脑筋，对传统的思维方式进行一番创新，就能获得成功。人生是极为美好的，处在逆境中的人却常常忽略了这一点。而那些真正提升到一定高度，能够积极地换种态度对待人生之路，自然就能感触天堂般的人生了。

01 投之以桃，
必报之以李

　　"你眉头开了，所以我笑了；你眼睛红了，所以我哭了。"分享不但能找到自己的快乐，更能让人生丰富而不单调，多知己而少仇敌。

　　从前，有一个国王拥有很多宝物。在这些宝物之中，有一件是他最珍爱的：一瓶世上罕见的长寿药水。据说，无论谁只要喝一点瓶中的长寿药水就能延寿几百年。但是，国王却把它保管得很严，谁也没有幸运地喝过，哪怕是一滴。但是它又那么神奇，引得各地的臣民蜂拥而至，请求国王赐给他们几滴长寿药水，这些要求都被国王拒绝了。

　　除了臣民以外，国王的朋友们也来了：他们有的年纪老迈，还有的病重将不久于人世，乞求国王救救他们，哪怕是闻闻味儿延寿几年都知足。国王却推托说，如果赐药水的先例一开，药水很快就会消失殆尽自己则无法享用了。所以，国王以决不开此先例为由，将这些朋友们都打发掉了。

　　在朋友们一个个因衰老、疾病而去世的岁月里，国王自己也已经年迈了。于是他命人取出那瓶尚未用过一次的长寿药水，准备延续自己的生命。装药水的瓶子取来了，可是瓶中的药水却因长年搁置不用已经挥发殆尽了，连一滴都没剩。

国王此时才后悔当初没有舍得与别人一起分享，那样自己最少也能获得几百年的寿命。

吝于在人生之中分享自己快乐与忧愁的人，自然是多愁善感抑郁苦闷的人，最终只能如故事中的国王一样悔恨不已。

在春天播下稻种，在秋天能获得香喷喷的米饭；栽种小树，能收获绿阴与木材；在营销中舍得投入，同样可以收获高额利润。

一个大雨滂沱的夜晚，社会学者埃维拉一不小心陷进了沼泽地。野地里四处无人，埃维拉焦急万分，身子已经陷进去到了脖子。如果不能离开这里，就必然会被沼泽吞噬。这时，一个骑马的中年男子路过此地，二话没说就用绳子将埃维拉拽了出来，把他带到了一个小镇上。当埃维拉拿出钱对这个陌生人表示感谢时，中年男人说："我不要求回报，只要你给我一个承诺：当别人有困难的时候，你也尽力去帮助他。"

在后来的日子里，埃维拉帮助了许许多多的人，并且将那位中年男子对他的要求告诉了他所帮助的每一个人。数年后，埃维拉被一次骤发的洪水围困在一个小岛上，一位少年帮助了他。当他要感谢少年时，少年竟说出了那句埃维拉永远也不会忘记的话："我不要求回报，但你要给我一个承诺……"埃维拉的心里顿时涌上了一股暖流。

在人生的历程当中，付出与回报都惟妙惟肖地演绎着一种正比关系：你报以别人的微笑多，你收获的微笑就多，真诚的朋友、善意的帮助就会接踵而至。

02 能屈能伸，
收放有度

鲁莽与不识时务往往是人生不幸的开始。

有个射箭非常好的猎人到山上打猎，所有的动物因为深知猎人的箭术高超而纷纷逃避。只有狮子仗着自己的威猛没有躲避，因为狮子觉得一个猎人没什么可怕的，不过是箭射得准点儿而已，因此狮子便迎着猎人奔去，想教训一下猎人，显示自己的勇猛。

狐狸尾随其后，想看个结果。猎人在很远的距离就发现了狮子，边搭弓边对狮子说："先给你点儿教训，让你知道我的厉害，再好好收拾你！"一箭飞出，正好射中了狮子。

受伤的狮子转身就跑，尾随其后的狐狸便劝它："受那么点儿伤就怕成这样，你可是百兽之王呀？"狮子回答说："你别想骗我，猎人没发威就这么厉害，他要真发威，我还有活路吗？滚开！"说完便跑掉了。"识时务者为俊杰"是句很实用的金玉良言，也正是这只狮子的聪明之处。

识时务者就是能够根据现有的不利形势而作出正确的行动——或许是委曲求全，或者是放弃一些利益，以达到最佳的保存自己利益的办法，这往往是一种舍小利而顾大局的行为，也是智者身上最值得学习的一种处世之道。

那种"宁折不弯"的人尽管往往能够被冠上"勇士"或者"气高亮节"的称号，然而，只有他们自己才能真正体会到这些背后的苦楚。

若说祢衡在《三国》中是个无名之辈那就大错特错了，虽然祢衡在军事谋略方面的才能相形见绌，然而他在文学方面的造诣颇深，他的辞赋很是有名。不过，我们今天说的并不是他这方面的名气，而是他的"狂"、他的"傲"，以及不识时务的悲哀！

当时，曹操为了扩大自己的实力，急欲招募一些有才能的人为自己效力。求贤若渴的曹操听说祢衡有才，就想将他招为自己的属下。可祢衡却看不起曹操，不仅不肯去，还说了许多不敬的话。由于爱其才，曹操不忍杀他。得知祢衡会击鼓，便强令他到自己帐下做一名鼓吏。

有一天，曹操大宴宾客，就让祢衡击鼓，并特意为他准备了一套青衣小帽。当祢衡穿着一身布衣来到席间时，从官大声呵斥："你既是鼓吏，为什么不换鼓吏装束？"祢衡于是不慌不忙地脱了外衣，又脱下内衣，最后就当着满堂宾客，一丝不挂地裸身而立，然后才慢慢地换上曹操为他准备的鼓吏装束，击了一通《渔阳三弄》。曹操再三容忍，始终没有发作。

曹操并没有死心，又一次备下盛宴，要召见祢衡，并准备好好款待他。可狂傲的祢衡并不领情，还手执木杖，站在营门外大骂。曹操这一次也很生气，但为了自己的名声，只得用"借刀杀人"之计了，于是将他送予了刘表。

刘表当时正做荆州的太守，他很明白曹操的意图，就是想借他的手除掉祢衡。他也不愿落个杀才士的恶名，不得已，只好将祢衡送给了江夏太守黄祖。

黄祖可不像曹操、刘表那样有心计，他脾气暴躁，也不图那种爱才的美名，碰到像祢衡这样的狂妄之人，自然是水火不容。一次，黄祖在一艘大船上宴请宾客，祢衡出言不逊，黄祖呵斥他，祢衡竟然盯着黄祖的脸说："你整天绷着一张老脸，就像一具行尸走肉，你为什么不让我说话呢？"黄祖可没曹操那样的雅量，一气之下，便将他斩首了。这就是祢衡看不清形势、宁折不弯的愚蠢所致。

　　所谓"识时务"，正是与那种"明知山有虎，偏向虎山行"的鲁莽行为，完全相反的行为。"明知山有虎"在没有任何把握的情况下，鲁莽上山根本不能说是一种明智之举，说白了只有莽汉才能做出这样的事来。

03 懂得感恩，
才能有所成

　　"谁言寸草心，报得三春晖"，拥有一颗感恩之心，将照亮人生的每一步路。

　　有一次，一只凶猛的狮子在树林里四处捕食。它走到灌木林中，不小心脚底扎进了一根很大的刺儿。

　　没几天，它的脚掌便肿得非常厉害，痛得它几乎无法站立，它只好用三条腿一瘸一瘸地跳着走路。狮子便去找附近放羊的牧人。这个牧人一见狮子钻出树林，并朝他走来，吓得面无人色，赶紧躲进羊群中逃命。但是狮子既不看绵羊，也不瞧小羊羔，只是跛着腿穿过羊群，径直向牧羊人走来。它彬彬有礼地站在牧羊人前面，用脸轻轻地擦着牧羊人的肩膀，接着，便将自己受伤的脚爪伸到他的怀里。牧羊人一见它那脓肿的脚掌，才明白狮子为何对他如此恭维有礼。他拿了一把锋利的小刀，划开伤口，将那根刺带着脓血取了出来。狮子顿时感到舒服多了，它万分感激地舔着这位牧羊人的手，并在他身边躺了下来。狮子一直在牧羊人那儿耽搁到伤口愈合了，才回到树林中去。

事隔不久，这只狮子掉到陷阱里被捕了。人们将它牵回去，并把它送到斗兽场同那些被判处了死刑的犯人决斗。说来也巧，那位牧羊人也在这些犯人之中。仅仅是由于一点小小的罪行，他竟被判处了死刑，并被第一个送进了斗兽场。只见人们打开铁门，那头饿慌了的狮子咆哮着冲了出来。可是，当它一见牧羊人，马上站住了，并慢慢地朝他走去。当它走到牧羊人跟前时，终于认出了自己的恩人。它大声地吼叫起来，并用种种方式向他表示恭维和感激，然后卧倒在他的身边。这时，牧羊人也认出了这头狮子，他抱着那威武的狮头，轻轻地抚摸着。

人们对狮子的举动非常惊奇，便问牧羊人，为什么狮子对他如此温顺，牧羊人便讲述了事情的全部经过。于是大家一致请求宽赦牧羊人和狮子。他们苦苦地哀求着，直至牧羊人和狮子重新获得自由。狮子重新回到树林里，牧羊人也回到他的茅舍和羊群身边了。

人与人的相处，若能时时怀抱感恩的心情，则仇恨、嫉妒便会消失于无形，是非烦恼自然匿迹于无影。如果我们能时时以感恩的心来看这个世间，则会觉得这个世间很可爱、很富有。即使只是树上小鸟的轻唱，路旁花朵的芬芳，也会令你感到心旷神怡，生活在人间自可获得和谐美满。

韩信是辅佐汉王刘邦成就霸业的大将军，战功卓著。公元前203年，韩信平定了齐国后，刘邦将其封为齐王。随即又派韩信去征讨楚国。

楚王项羽希望曾经做过自己臣下的韩信可以与自己联合，就派一个叫武涉的人去说服他。韩信听了武涉的一番话后，谢绝道："我跟随楚王项羽的时候，官位最高也没有超过郎中之职，不过是手执兵器守护殿门罢了。说的话没有人听从，计划也不被采纳，所以我才背弃了楚王投奔了汉王。汉王授予我上将军的大印，给我配备数万士兵，脱下自己的衣服给我穿，将自己的食物给我吃，对我言听计从，所以我才取得今天的成就。人家这样亲近我、信任我，如果我背叛人家，将为上天所不容，所以我即便死了也不会变心。请你代我谢谢楚王的美意。"

武涉走后，齐人蒯通又来劝说韩信，建议他与刘邦、项羽三分天下，鼎足而立。韩信也加以拒绝了。他对蒯通说："汉王待我非常好，他把自己的车子给我用，把自己的衣服给我穿，把自己的食物给我吃。我听说，乘坐人家的车子要担负人家的灾祸，穿人家的衣服要分担人家的忧愁，吃人家的饭食要为人家的事情卖命，怎么可以背信弃义，违背正义呢！"蒯通听后，十分羞愧，只好装疯逃走了。

后来，项羽被打败。汉五年正月，高祖改封齐王韩信为楚王，建都下邳。

父母给了我们生命，我们一定要孝敬他们；老师给了我们才干，我们一定要尊敬他；国家是我们赖以生存的依附，我们必须忠诚于她；朋友及领导们给了我们极大的帮助，我们一定要敬重他们。

04 凡事出于公心，
赢得尊重

人人好公，则天下太平；人人营私，则天下大乱。

狐狸们在一个山洞里召开捉鸡经验交流会议时，被一名猎人发现。由于洞口太小，猎人只好端着枪在洞口守着。一天一夜过去了，猎人硬是没有等出一只狐狸，他实在耐不住饥渴了，在洞口埋了一个铁夹子后，便扛着猎枪回家去了。

狐狸们不得不转而开会研究怎样出洞的问题。狐狸们都非常清楚：洞口有个捕杀的夹子，最先出洞的肯定会被夹住，必死无疑。后出洞者肯定平安无事。

小狐狸抢着说："论年龄，我最小，我是狐狸家族的希望，我不能先出洞。"

接着，老狐狸说："论年龄，我最大，经验多，失去了我就会给咱们家族造成不可估量的损失。我不能先出去。"

一只独眼狐狸说："我是残疾狐狸，我的一只眼睛是为了给大家放哨时失去的，我是有功之狐，我当然有选择不出洞的权利。"

母狐狸说："我是哺乳期狐狸，家里还有一只幼崽等着我喂奶。我死了，家里的孩子也活不成了，我代表两只狐狸的生命。"

身体壮实的狐狸说："我可以先出去，但是如果我先死了，谁来管你们这些老弱病残的狐狸们？"会议陷入无休止的争论之中，拿不出一个决定来。

几天后，猎人来到山洞，发现兽夹没有夹住狐狸，但是他的猎狗却从洞里拖出了全部饿死的狐狸。

诸如寓言里说的一样，狐狸们个个自危，都以各种各样的理由保全自己，最终由于这种利己思想，一只狐狸都没有保全下来。人人都利己，人人都自私，那么，人与人之间不是相爱，不是互助，而是充满了你争我夺、尔虞我诈，充满了相互损害，充满了猜忌、怨恨。人和人之间关系将会变成狼与狼的关系，人群和人群之间必将使矛盾激化，社会与社会之间必将是冲突的扩张，国家与国家之间必将是战争、饥饿，最后的结果必然是人类自身的毁灭。

祁奚，即祁黄羊。春秋晋国大夫，后任中军尉。晋平公立，任祁奚为公族大夫。

　　一天晋国国君晋平公问祁黄羊说："南阳县缺个县长，你看，应该派谁去当比较合适呢？"祁黄羊毫不迟疑地回答说："叫解狐去最合适了。他一定能够胜任的！"平公很吃惊，他问祁黄羊："解狐不是你的仇人吗？你为什么要推荐他呢？"祁黄羊笑着说："您只问我什么人能够胜任，谁最合适，不是问谁是我的仇人呀！"平公认为祁黄羊说得很对，就派解狐去南阳当县官。解狐上任后，为当地办了很多好事，受到南阳的百姓普遍好评。

　　过了一段时间，晋平公又问祁黄羊说："现在国家缺一尉官，你看谁可以去担当这一官职呢？"祁黄羊毫不犹豫地推荐了自己的儿子祁午。晋平公大为惊讶地说："祁午不是你的儿子吗？你怎么推荐你的儿子，难道你不怕别人讲闲话吗？"祁黄羊从容地回答说："您只问我谁可以当国尉，所以我推荐了他；可你并没有问谁是我的儿子呀！"晋平公连连点头，说："好！"于是任命祁午为中军尉。祁午当上了尉官，为人们办了很多好事，深受人们的欢迎与爱戴。

　　大公无私是为人处世的根本。无论学识、才能多么的好，只要是缺少了大公无私的精神，就不足以作他人的表率。

05 善待别人，
就会有所得

　　手心向下是助人，手心向上是求人。助人快乐，求人痛苦。何不在解决别人的痛苦中，体会助人的快乐。

　　一对待人极好的夫妇不幸下岗了，不过在朋友、亲属以及街坊邻居们的帮助下，他们在小城新兴的一个服装市场里开起了一家火锅店。

　　刚刚开张的火锅店生意冷清，全靠朋友和街坊照顾才得以维持。但不出三个月，夫妇俩便以待人热忱、收费公道而赢得了大批的"回头客"，火锅店的生意也一天一天地好起来。

　　几乎每到吃饭的时间，小城里行乞的七八个大小乞丐，都会成群结队地到他们的火锅店来行乞。

　　夫妇俩总是以宽容平和的态度对待这些乞丐，从不呵斥辱骂。其他店主则对这些乞丐连撵带轰，一副讨厌至极的表情，而这夫妇俩每次都会笑呵呵地给这些肮脏邋遢、令人厌恶的乞丐盛满热饭热菜。最让人感动是夫妇俩施舍给乞丐们的饭菜，都是从厨房里盛来的新鲜饭菜，并不是那些顾客用过的残汤剩饭。他们给乞丐盛饭时，表情和神态十分自然，丝毫没有做作之态，就像他们所做的这一切原本就是分内的事情一样。

日子就这样一天一天地过着。一天深夜，服装市场里突然燃起了大火。这一天，恰巧丈夫去外地进货，店里只留下女主人照看。一无力气二无帮手的女店主，眼看辛苦张罗起来的火锅店就要被熊熊大火吞没，着急万分之时，只见那班平常天天上门乞讨的乞丐，不知从哪里钻了出来，在老乞丐的率领下，冒着生命危险将那一个个笨重的液化气罐马不停蹄地搬运到了安全地段。紧接着，他们又冲进马上要被大火包围的店内，将那些易燃物品全都搬了出来。消防车很快开来了，由于抢救及时，火锅店虽然也遭受了一点小小的损失，但最终保住了。而周围的那些店铺，却因为得不到及时的救助，货物早已烧得精光。

夫妻俩对乞丐们无私的帮助得到了他们最真诚的回报。

生活就像山谷回声，你付出什么，就得到什么；耕种什么，就收获什么。帮助别人就是强大自己，帮助别人也就是帮助自己，为自己铺开后路。其实，在很多情况下，帮人并不意味着自己吃亏。

正所谓"送人玫瑰，手有余香"。生活中，我们不仅要感激别人给予我们快乐和关爱，举手之劳也要给予人快乐和关爱，让他人在你我的些许关爱中不再孤独落泪，让生活因你我多一点的关爱而少一点不和谐，让社会在你我的爱心传递中多一些温情，让我们也幸福着我们的给予。很多时候，善待别人，其实就是善待自己。严以律己，善待他人，可以减少许多麻烦。善于为别人着想，就要理解他人，以宽大的胸怀经受来自各方大大小小的压力，把自己和别人的利益冲突看得淡一些。心存高远目标，才不会为小事动摇，更不会花太多的精力去和别人计较。要明白在漫长的人生历程中，要具有忍耐和宽容精神，善于用自身的高贵品行去感化对方。宽容的基础是对人的信任和爱，相信别人有求善的愿望，要有团结和谐为重的博大胸怀，要能以德报怨，不念旧恶。昨天的敌人在明天就有可能成为朋友。

06 以平常心看待一时之荣辱，
海纳百川

　　幸福到底是什么？许多人都在问，其实得到幸福很简单。听一听自己内心的声音，扔掉那些对自己来说十分奢侈的梦想和追求，那么，你就被幸福包围了。

　　一只老猫见到一只小猫在追逐自己的尾巴，便问道："你为什么要追自己的尾巴呢？"小猫回答说："我听说，对于一只猫来说，最为美好的便是幸福，而这个幸福就是我的尾巴。所以，我正在追逐它，一旦我捉住了我的尾巴，便得到幸福。"

　　老猫说："我的孩子，我也曾考虑过宇宙间的各种问题，我也曾认为幸福就是我的尾巴。但是，我现在已经发现，每当我追逐自己的尾巴时，它总是一躲再躲，而当我着手做自己的事情时，它却形影不离地伴随着我。"

　　一位日本餐饮业巨头总结自己的成功之道：在其连锁店中能提供给顾客的，永远是17厘米厚的汉堡与4℃的可乐。据他的研究人员研究发现，这是令客人感觉最佳的口感。当然，你也可以选择把汉堡做成20厘米厚，把可乐加热到10℃，但它们并不意味着最佳口感。

对于幸福，其实也只要17厘米和4℃就够了。幸福，它是一路上持续发生的，就如深夜静谧而美丽的星空所带给人的震撼，而非那个令人疲惫的终极雪球。

有个年轻人在地产公司工作，经过自己几年的打拼，在本地已小有名气了。他每天的生活就像上足劲的发条一样，被传真、资料、甲方以及各种方案充塞得满满的。

一天，他加班到很晚。从公司出来后，走了很远的路也没有叫到车。走得热了，他停下来，解开领带，仰头出了口气。这时，他吃惊地看见星星在丝绒般的夜幕中闪烁着，洋溢着一种无言的美丽。一如他大学毕业前的最后一晚，几个要好的同学躺在学校图书馆前的草坪上看到的那样。那一晚，他们深深被血脉中扩张的青春激动着，广袤的星空与未来的前途一片光明。

从那以后，他几乎再也没有时间去注视过夜晚的星空了。因为从他走入社会，他一直保持着弯腰向前奔跑的姿势。太忙了，欲望总在膨胀，目标总在前方，于是他不停地向前奔跑着……

每个夜晚的这个时刻，他多半在应酬或是在作楼盘计划和方案，他从没有想过哪怕透过一扇小窗，去望望宁静的夜空，倾听心灵一些细小的声音。

追求幸福最有效率的方法就是"放松你的心灵"。通过心理调节，使自己能够平静地对待目标，从而减轻或消除心理负担，幸福也就会悄然而至。在世界上所有获得幸福的途径中，这种方法的投入产出比最高，它基本上不用你花一分钱，有时甚至能省钱。

07 不要被一时的失败
阴影遮蔽

哀公问社于宰我，宰我对曰："夏后氏以松，殷人以柏，周人以栗，曰：使民战栗。"子闻之，曰："成事不说，遂事不谏，既往不咎。"——《论语》孔子说："已经做过的事不要再评说了，已经完成的事不要再议论了，已经过去的事就不要再追究了。"

他是要告诉我们：做事情不要被已经发生的相关的事情所困扰，只要是正确的，就要义无反顾地走下去，没有必要因为做错了什么事情而悔恨，眼光要向前看。

每个人都有怀旧的心理，即使嘴里高喊着向前看，眼睛还是会不由自主地瞄向已经过去的日子。绝大多数人对新事物的接受会表现出一种羞羞答答的心态，直到新事物不再新鲜，再用一种怀旧的或恍然大悟的口吻来评说。客观地分析，向后看既是对过去的留恋，也是对现实的迷惘和不满。

但当今世界的发展日新月异，因此，向前看就显得比怀旧更为重要。特别是对新事物，更应该用发展的和超前的眼光来认识对待。辩证唯物主义认为，世界是由在一定的时空中有规律地运动着的物质组成的，就是说分析事情或现象要以特定的时空作为条件。因此，我们特别强调要向前看，否则，难免落伍而被新新人类蔑视为"土老二"或"阿乡"。

而在现实生活中，有的人对于曾经失去的机会耿耿于怀。每当失意的时候，都会感叹，如果当初我那样选择，那么现在我将是怎样怎样了。

但关键是你没有那样选择，关键是你已经失掉了那个机会，如果你再自怨自艾下去，你将失掉下一个机会。所以，过去的事情完全没有必要放在心上，你当初那样做，一定有你那样做的理由，谁也无法预测未来，不能用你的今天去对比你的昨天，然后使自己生活在痛苦中。这两者之间根本就没有可比性，对于现实来说，预测永远都要甘拜下风，你当然不必为曾经的选择失误而伤心沮丧。

东汉大臣孟敏，年轻的时候曾卖过甑。有一天，他的担子掉在地上，甑被摔碎了，他头也不回地径自离去。有人问他："甑摔坏了多可惜啊，你为什么都不回头看一看呢？"孟敏十分坦然地回答："甑既然已经破了，再疼惜它也没有什么好处了。"是的，甑再珍贵，再值钱，再与自己的生计息息相关，可它被摔破，已是无法改变的事实，你为之感到可惜，心疼如焚，顾之再三，又有什么益处呢？这就是明代大学问家曹臣的《说典》中的一则小故事《甑已摔破，顾之何益》。

这个故事告诉我们：不要为无法改变的事痛惜，后悔，哀叹，忧伤，可以说是古今中外聪明人的共同的生存智慧。国外也有一则可和《甑已摔破，顾之何益》相媲美、堪称姊妹篇的小故事《打翻的牛奶》。在纽约市一所中学任教的保罗博士曾给他的学生上过一堂难忘的课。这一个班多数学生为过去的成绩感到不安。他们总是在交完考卷后充满了忧虑，担心自己不能及格，以致影响了下阶段的学习。

一天，保罗在实验室里讲课，他先把一瓶牛奶放在桌上，沉默不语。学生们不明白这瓶牛奶和所学的课程有什么关系，只是静静地坐着，望着老师。保罗忽然站了起来，一巴掌把那瓶牛奶打翻在水槽中，然后他在黑板上写下了一行字："不要为打翻的牛奶哭泣。"

接着，他叫学生们围绕到水槽前仔细看一看，说："我希望你们永远记住这个道理，牛奶已经淌光了，不论你怎么样后悔和抱怨，都没有办法取回一滴。你们要是事先想一想，加以预防，那瓶牛奶还可以保住，可是现在晚了，我们现在所能做到的，就是把它忘记，只注意下一件事。"

是啊！无论你怎样痛惜，牛奶都无法归原于杯中，所以，"哭泣"又是何苦呢！这番道理让我们想到了这样一个故事：

一位老人在高速行驶的火车上不小心把刚买的新鞋从窗口上弄出去了一只，周围的人倍感惋惜。不料那老人立即把第二只鞋也从窗口扔了下去，这举动更让人大吃一惊。老人解释说："这一只鞋无论多么昂贵，对我而言都没有用了。如果有谁能捡到一双鞋子，说不定他还能穿呢！"这位老人把失去变得可爱，我们何尝又不能呢？不要老盯着被打翻的牛奶，赶紧把家里的猫抱来，就当是给猫准备的晚餐了。

我们都经历过某种重要或心爱的东西失去的事情，其大都在我们的心理上投下阴影。究其原因，那就是我们并没有调整心态去面对失去，没有从心理上承认失去，总是沉湎于已经不存在的东西，没想到去创造新的东西。与其抱残守缺，不如就地放弃。普希金的诗中说："一切都是暂时，一切都会消逝，让失去变得可爱。"失去不一定是损失，也可能是获得。

有些人终日为过去的错误而悔恨，为过去的决策失误而惋惜，沉溺于过去的错误之中，是事业成功的一大障碍。它会斩断进取的锐角，磨钝智慧的锋芒，甚至愚蠢地得出这样的结论："我过去失败了，下次恐怕不行了。"因此，畏首畏尾，顾虑重重，很难取得事业的成功。甑被打破，不可能恢复原状；牛奶被打翻，不可能重新装回杯中。任你哀叹，任你后悔，任你捶胸顿足呼天喊地，任你悔断肠子，心疼、肝疼、胃疼，任你三天不吃饭、五天不睡觉，也肯定不会改变这个已经板上钉钉的事实。聪明的人，就是按照扔鞋子的老人的做法去做，这才是人生的大智慧。

辛弃疾在一首词中写道："叹人生，不如意事，十之八九。"是的，在生活中，不可能事事顺心，万事如意。下岗，被精简，被老板炒了鱿鱼，不如意；落选，被降职，被顶头上司冷落，不如意；评副高职称少了一票，送学术刊物的论文泥牛入海，不如意；经商亏本，工厂赔钱，路上被窃，也不如意……林林总总，不一而足。一旦遇到这样的事该怎么办，想想《甑已摔破，顾之何益》，想想"不要为打翻的牛奶哭泣"，想想那个扔鞋子的老人，想想人家的生存智慧，对自己肯定会大有裨益的。

在当代社会，更应具有这样的生存智慧，因为在社会激烈的竞争中，我们手中的"甑"随时可能被他人打破，杯中的牛奶也可能被打翻。遇到这样不如意的事，不哭天抹泪，不怨天尤人，不消沉颓唐，不心灰意懒；记取教训，挺直腰杆，义无反顾，径直向前。生活中，这样的人，才能出人头地，才能成为强者，才能事业有成，才能品尝到成功的喜悦，才会有鲜花美酒的陪伴。

"不要为打翻的牛奶哭泣"，这句话包含了丰富深刻的哲理，过去的已经过去，历史就如"黄河之水天上来，奔流到海不复回"，不能重新开始，不能从头改写。为过去哀伤，为过去遗憾，除了劳心费神，分散精力，没有一点益处。要想发挥自己的潜能，取得事业的成功，必须勇于忘却过去的不幸，重新开始新的生活。

既然事情已经过去，就不要再耿耿于怀。调整好心态，勇敢地面对现在和未来。要知道，悔恨过去，只会损害眼前的生活。不要让"打翻的牛奶"潮湿了我们的心情，我们还有很多事要做，我们没有理由因为这件事而拒绝这一天的生活，相反我们应该将这天的生活过得平静而恳挚，这样才会有丰盈的过去，也才能开创未来。

08 太过憨直，
就和愚笨结缘了

当进则进，当退则退，生活需要灵活对待。

狐狸不小心掉到了井里，由于井壁太高它怎么也爬不上去，只得呆在井底等待着奇迹的出现。

没过多久，恰好有一头找水喝的公羊来到了井边。公羊看到了井里的狐狸，便问狐狸井水好不好喝。狐狸见出井的机会来了，便沉着冷静地称赞这井水如何甘甜可口。

口渴的公羊听到狐狸如此夸赞井水，便不假思索地跳了下去。待它喝完水，才发现自己如同狐狸一样被困在了井底。情急之下，公羊便向狐狸询问从井里爬出去的办法。

狐狸思索着说："办法倒是有，需要咱俩配合才行。就是你用前蹄扒在井壁上，尽量高抬你的犄角我便能跳出去，等我上去之后我再拉你，只有这样咱们才能出井。"公羊同意了，于是狐狸很顺利地出了井。

一出井，狐狸拔腿就跑。公羊急得大叫，责怪狐狸不讲道义。狐狸回到了井边，对着公羊喊道："愚蠢的家伙，你的心眼儿要是和你的胡子一样多，你就不会事先不找好退路就直接跳下去了。"

愚直的公羊缺少了应有的思维，所以很轻易地就遭了殃。现实中自然也不乏这种人，他们对现实的利弊考虑得太过简单，没从该防守处下手，该退的时候依然愚直地前进，这只能为自己的失败奠定基础，而对成功毫无裨益。

公元215年，孙权率领大军，进攻合肥。当时，占据合肥的是曹操部将张辽。因寡不敌众，张辽的防线为孙权所破，合肥被攻陷。张辽不得已率兵转移。

眼看张辽军队撤退，孙权大喜，并传令："兵贵神速，不宜久迟，应该一鼓作气，穷追不舍。吕蒙、甘宁率兵先行，凌统和我继后，其他诸将陆续进发。"吕蒙、甘宁率兵前进与乐进部队相迎。甘宁与乐进交锋，几个回合，乐进便诈败而走，甘宁不知是计，反召唤吕蒙引军赶去。甘宁、吕蒙的部队追了一段路后，却遭到张辽部队几面射杀，死伤惨重。

孙权和凌统的人马，听说吕蒙、甘宁获胜，更加信心倍增，便催兵急速前进，但刚到逍遥津北，忽闻连珠炮声。左边是张辽，右边是李典，一齐杀来。孙权左右受攻，手足无措，急忙令人唤吕蒙、甘宁回救。但见张辽精兵已经赶来，逃也来不及。凌统手下只有三百余骑，势单力薄，无法阻挡张辽的进攻，眼看孙权就要当俘虏。当此形势紧急之际，凌统大呼："主公快速渡过小师桥。"自己则翻身下马，与张辽死战。

孙权只顾奔向小师桥。可桥南端已被拆毁，宽有丈余，孙权的马被逼住，不能跃过，孙权惊恐不已。正在这进退两难之时，只听牙将谷利大声呼喊："主公可先将马往后退，然后再放马向前猛跃。"孙权立即收回马来，后退三丈，然后纵马加鞭，那马一跃而过，便飞渡小师桥。孙权终于逃脱了危险，没被张辽抓获。

孙权退马逃离逍遥津，大军虽败，却保住了性命。《三国演义》对此故事曾有精彩的描述，如今的合肥逍遥津公园里，还有一尊张辽骑马奋战的塑像。对于此段史实，曾有人写过这样一首诗："的卢当日跳檀溪，又见吴侯败合肥，退后着鞭驰骏马，逍遥津上玉龙飞。"

俗话说得好"留得青山在，不愁没柴烧"，现实中往往有很多人过于愚直，说话办事一点都不知道开通，恨不得一条道走到黑，当然，在很多原则问题上这点是值得提倡的。然而在当今的社会上，倘若真的不能做到灵活掌握处事分寸，那么将会处处碰壁。所以遇事应该以清醒的头脑，将事儿"办活"，才是真正的处世高手。

09 心高气傲，
容易遭人唾弃

不要把自己看得太重要，必须审时度势，尽量收敛起锋芒，以免惹火烧身，影响前程甚至危及生命。

农场里住着一只公鸡和一头驴，它们非常要好。

有一天，一头饥饿的狮子来到农场里，想捉住驴子好好地饱餐一顿。公鸡见此情况，大声地啼叫起来。据说，狮子最烦的就是听到公鸡的叫声——每逢听到公鸡的叫声，狮子就会避得远远地。所以，当狮子听到公鸡的叫声后，转头就逃跑了。

驴见到公鸡对着狮子一叫就把狮子吓跑了，认为狮子如此软弱，自己肯定能将狮子打败。于是驴鼓起勇气在后面追赶狮子。狮子一看只有驴朝自己跑过来，心里暗喜：今天太幸运了，看来还有送上门的美餐。于是转过头来，接受了这顿送上门的美餐，可怜的驴就这样被吃掉了。

寓言中的驴子由于没有将自身实力定位在一个正确的基础上，片面夸大了自己的能力，因此才成为了送上门儿的"美餐"。

作为一个人，尤其是一个自认为有才华有前程的人，要做到心高气不傲，既能有效地保护自己，又能充分发挥自己的才华，就要战胜盲目自大、盛气凌人的心理和作风，凡事不要太张狂太咄咄逼人。并且还应当养成谦虚让人的美德。这不仅是有修养的表现，也是生存发展的策略。

巧妙的掩饰之所以是赢得赞扬的最佳途径，是因为人们对不了解的事物抱有好奇心，不要一下子展现你所有的本事，一步一步来，才能获得扎实的成功。

春秋时期郑庄公准备伐许。战前，他先在国都组织比赛，挑选先行官。

第一个项目是剑器格斗。众将都使出浑身解数，经过轮番比试，选出了六个人来，参加下一轮比赛。

第二个项目是比箭，取胜的六名将领各射三箭以射中靶心者为胜。第五位上来射箭的是公孙子都。他武艺高强，年轻气盛，只见他搭弓上箭，三箭连中靶心。最后那位射手是个上了年纪的人，胡子有点花白，他叫颍考叔，曾劝郑庄公与母亲和解。颍考叔上前，不慌不忙，"嗖嗖嗖"三箭射出，也连中靶心，与公孙子都射了个平手。

只剩下两个人了，庄公派人拉出一辆战车来，让二人站在百步开外，同时来抢这部战车。谁抢到手，谁就是先行官。跑了一半时，公孙子都脚下一滑，跌了个跟头。等爬起来时，颍考叔已抢车在手。公孙子都哪里服气，拔腿就来夺车。颍考叔一看，拉起来飞步跑去，郑庄公忙派人阻止，宣布颍考叔为先行官。公孙子都怀恨在心。

颍考叔不负郑庄公之望，在进攻许国都城时，率先从云梯上冲上许都城头。眼见颍考叔大功告成，公孙子都嫉妒得不行，竟抽出箭来，搭弓瞄准城头上的颍考叔射去，一下子把颍考叔射了个透心凉，从城头栽了下来。另一位大将瑕叔盈以为颍考叔被许兵射中阵亡了，忙拿起战旗，指挥士卒冲城，终于拿下了许都。

倘若你处处表现卖弄、志得意满时趾高气扬，目空一切，不可一世，这样不被别人当靶子打才怪呢！所以无论你有如何出众的才智或高远的志向，都要时刻谨记：心高不可气傲，不要把自己看得太了不起。

10 面对一时的逆境，
千万不要灰心

说话能站在他人立场设想的人，能令人尊敬；做事能站在他人立场设想的人，则令人愿意追随。

有个人家里的老鼠很多，危害特别大。主人便找了一只猫回来，但是这只猫有些与众不同：它不但捕鼠的本领高超，而且还很会咬鸡。在这只猫到了这家不久以后，家里几乎看不到老鼠出没了，就算还有幸存的也根本不敢出来作恶。但是家里的鸡也几乎被它咬死了。

主人的儿子觉得鸡白白地被猫咬死了很可惜，便问："父亲，我们为什么还要留一只喜欢咬鸡的猫在家呢？"父亲便告诉他："这里面有个道理你可能还没想明白，老鼠的危害不仅仅是偷吃咱们的粮食，还咬坏咱们的衣服和家具，让它横行下去咱们便会挨饿受冻了！若是鸡没有了，咱们只是暂时吃不到鸡和鸡蛋罢了。你比较一下，就不难明白我们为什么不把猫赶走了！"儿子终于明白不把猫赶走的原因了，再也没提及此事。

故事中的猫虽然咬死了主人家的鸡，但主人并没有赶走它，这主要源于主人对猫的需求作了正确的评估：鸡死了顶多没鸡和鸡蛋吃，而老鼠不被消灭则会挨冻受饿。相对来说，留下猫的利大于弊，故而没有将猫赶走。

因此在生活中，我们对待问题的时候不要总是站在一种角度去看待它，有时候换个角度，你会发现事情远比想象的要好得多。

有个小孩子不肯吃饭，长得很瘦弱。孩子的父母总是嘀咕："为妈妈吃一点呀！为爸爸吃下这个，赶快长成大人。"这孩子出于逆反心理，反而吃得更少了。最后，这个父亲终于明白了，他对自己说："这孩子要什么？我怎么把他所要的和我所要的结合起来？"他的孩子有一辆小童车，他很爱在门前骑车。离他家不远处，住着一个野孩子，经常把那小孩子从车上拉下来，自己骑着他的车玩。自然，这孩子跑到母亲那里诉苦了，她也必然要跑到外面去，把那野孩子从车上拉下来，再把自己的孩子抱上去。这种事几乎每天都要发生。

这个小孩这时所要的是什么呢？这个答案就不必去百科全书中找了。他渴望马上长大，有力气，谁也不敢来欺侮他，那个野孩子如果再把他拉下车来，他能把野孩子的鼻子揍出血来。这时，他父亲告诉他：如果他能吃他妈妈要他吃的东西，有一天，他就能很有力气。从此以后，再也不用担心孩子不吃了。什么甜、酸、苦、辣的东西他都吃，因为他想有力气，好来对付那个欺他太甚的野孩子。

人的一生是快乐的，还是痛苦的，不同的人有不同的看法。也许，同样是面临着惨淡的人生，而人的态度是不同的。有的人经历不住挫折的打击，总是埋怨老天的不公，总是埋怨自己的运气不好，于是畏缩不前。而有的人不像前者，他们善于捕捉生活的亮点。换个角度看问题，使我们不再片面，也使我们的生活增加更多的亮点；换个角度看问题，使我们拥有顽强的精神，使我们拥有灿烂的人生。

11 帮助别人，
    就是帮助自己

善于帮助别人的人，是幸福的人，一支蜡烛不因点燃另一支蜡烛而降低自己的亮度，甚至在点燃的瞬间，自己更加辉煌！

有个人养了一头驴和一匹马。有一天这个人要出远门，便把驴和马一起都牵上了。

在旅行途中，驴身上背着所有的货物很是疲乏，便对马说："兄弟，你要是顾念咱们在一起吃草的感情，就替我分担一点我背上的货物吧，我快要累死了。"马听了以后并不理睬，一点也没有要帮忙的意思，驴筋疲力尽终于累死了。

主人便把原来驮在驴背上的货物，连同从驴身上剥下来的皮全部放在了马背上。这时马终于体会到了当时驴的心情，叹气道："真是活该，当初要是分担驴身上的一点货物，现在也不用背全部的货物外加一张驴皮了。"看来可怜的马的命运和驴已经很接近了。

一位哲人说："一个不肯助人的人，他必然会在有生之年遭遇到大困难，并且大大伤害到其他人。"是的，人要想在社会上混是不可能脱离周围这个世界的。你的衣食住行，你的工作娱乐，无不与别人存在着千丝万缕的联系；你的一言一行，你的一举一动，无不对别人产生或大或小的影响。我们必须认识到"我为人人，人人为我"，人与人"相互支撑"是社会生活的法则，从而学会助人，乐于助人。如果你撑一把伞给我，我撑一把伞给你，我们就能共同撑起一个完整而和谐的世界。

在一个刮着北风的寒冷夜晚，路边一间简陋的旅店迎来一对上了年纪的客人，不幸的是，这间小旅店早就客满了。

"这已是我们寻找的第16家旅社了，这鬼天气，到处客满，我们怎么办呢？"这对老夫妻望着店外阴冷的夜晚发愁。

店里小伙计不忍心这对老年客人受冻，便建议说："如果你们不嫌弃的话，今晚就住在我的床铺上吧，我自己打烊时在店堂打个地铺。"

老年夫妻非常感激，第二天要付客房费，小伙计坚决拒绝了。临走时，老年夫妻开玩笑似的说："你经营旅店的才能真够得上当一家五星级酒店的总经理。"

"那敢情好！起码收入多些可以养活我的老母亲。"小伙计随口应和道，哈哈一笑。

没想到两年后的一天，小伙计收到一封寄自纽约的来信，信中夹有一张来回纽约的双程机票，信中邀请他去拜访当年那对睡他床铺的老夫妻。

小伙计来到繁华的大都市纽约，老年夫妻把小伙计引到第五大街与三十四街交汇处，指着那儿一幢摩天大楼说："这是一座专门为你兴建的五星级宾馆，现在我们正式邀请你来当总经理。"年轻的小伙计因为一次举手之劳的助人行为，美梦成真。

这就是著名的奥斯多利亚大饭店经理乔治·波菲特和他的恩人威廉先生一家的真实故事。

帮助别人，从本质上看是一种付出和奉献，但从效果上看，你在帮助别人的同时也获得了人格的提升。况且，有些人因为帮助别人，甚至还得到意想不到的回报。生活的哲理是：有付出，必有收获；你帮助的人越多，成功的机会也就越多。

12 驱除心底的阴霾，
   让阳光照耀

不去计较别人的看法以及说法，让自己的心灵不再被外界所左右，冲破层层阻碍才能让自己活得更开心更有意义。

一只狼出去找食物，找了半天一无所获。偶然经过一户人家，听见房中孩子哭闹，接着传来一位老太婆的声音：

"别哭啦。再不听话，就把你扔出去喂狼吃。"

狼一听此言，心中大喜，便蹲在屋后不远的地方等着。等到太阳落山了，也没见老太婆把孩子扔出来。

晚上，狼已经等得不耐烦了，转到房前想伺机而入，却又听老太婆说：

"快睡吧，别怕，狼来了，咱们就把它杀死煮了吃。"

狼听了，吓得一溜烟跑回老窝。同伴问它收获如何，它说："别提了，老太婆说话不算数，害得我饿了一天，不过幸好后来我跑得快。"

别人信口开河，你就信以为真，全然不知许多时候人家只是在拿你说事而已。自己一惊一乍，乱了阵脚，正常的工作、生活全因为别人的话而改变了。

一个人在成长的过程中，特别是幼年时代，遭受外界，比如父母、老师等太多的批评、打击或遭受挫折，于是奋发向上的热情、欲望就被压制和封杀了。在这种情况下，如果没有得到及时的疏导与激励，他们就会对失败惶恐不安，对失败习以为常，逐渐丧失了信心和勇气，渐渐养成了懦弱、犹疑、狭隘、自卑、孤僻、害怕承担责任、不思进取、不敢拼搏的精神障碍。这样的性格，在生活中最明显的表现就是随波逐流，人云亦云，没有主见。随之，与生俱来的胆量也就消失了。

1920年，美国田纳西州的一个小镇上有个小姑娘出生了，她是一个私生子，妈妈给她取名叫肖菲丝。肖菲丝长大之后，慢慢懂事了，发现自己与其他孩子不一样：没有爸爸。很多人都对她投来歧视的目光，小伙伴们都不愿意跟她玩儿。对于这些，她不知道为什么，她感到很迷茫。她虽然是无辜的，但世俗却是很残酷的。每个人都很清楚，在一个人的一生中，我们可以做出很多选择，但是任何人都不能选择自己的父母。而肖菲丝连自己的父亲是谁都不知道，只好跟妈妈一起生活。

上学后，她受到的歧视并未因此减少，老师和同学还是以那种冰冷、鄙夷的眼光看她，认为她是一个没有父亲的孩子，没有教养的孩子，一个不好的家庭的孽种。在别人的心理暗示下，她变得越来越懦弱，自我封闭，逃避现实，不愿意与人接触，变得越来越孤独……

在肖菲丝幼小的心灵中，最害怕的事情就是和妈妈一起到镇上的集市去——她总能感到有人在背后指指戳戳，窃窃私语："就是她，那个没有父亲、没有教养的孩子！"

肖菲丝13岁那年，镇上来了一个牧师，从此肖菲丝的一生便改变了。

肖菲丝听母亲说，这个牧师非常好。别的孩子一到礼拜天，便跟着自己的父母，手牵手地走进教堂，她很羡慕，于是就无数次躲在教堂的远处，看着镇上的人兴高采烈地从教堂里出来，而她只能通过聆听教堂庄严神圣的钟声和偷看人们面部高兴的神情去想象教堂里的神奇。有一天，她鼓起了勇气，等别人都进入教堂以后，偷偷地溜了进去，躲在后排注意倾听。

牧师讲道：过去不等于未来。过去成功了，并不代表还会成功；过去失败了，也不代表未来就要失败。过去的成功或失败，只是代表过去，未来只能靠现在来决定。我们每个人都要面对现实，都应该重视现在。我们现在干什么、选择什么，就决定了我们的未来是什么！失败的人不要气馁，成功的人也不要骄傲。成功和失败都不是最终结果，只是人生过程的一个事件、一段经历。在我们这个世界上，不会有永恒成功的人，也没有永远失败的人。

肖菲丝是一个悟性很强、渴望情感的女孩，被牧师的话深深地震动了，感到一股暖流在冲击着她冷漠、孤寂的心灵。但是她马上提醒自己："我必须马上离开，趁别人没有发现自己的时候，赶快走。"

有了第一次，就有了第二次、第三次、第四次、第五次。在她的心灵深处，这就是她自己最喜欢干的事情。但是每次她都是偷听，几句激动人心的话很难阻止别人的冷眼对她的袭击：因为她懦弱、胆怯、自卑，认为自己没有资格进教堂。

有一次，她竟听入迷了，忘记了时间，忘记了自卑和胆怯，直到教堂的钟声清脆地敲响，她才惊醒过来，可是已经来不及抢先"逃"走了。

先离开的人们堵住了她迅速出逃的去路，她只得低头尾随人群，慢慢朝门外移动……突然，一只手搭在她的肩上，她惊惶地顺着这只手臂望上去，此人正是牧师。牧师温和地问："你是谁家的孩子？"这是她十多年来，最最害怕听到的话！这句话就像一个通红的烙铁，直直地戳在肖菲丝的流着血的幼小的心上。牧师的声音虽然不大，却具有很强的穿透力，人们停止了走动，几百双惊愕的眼睛一齐注视着肖菲丝，教堂里安静得连根针掉在地上都听得见。

肖菲丝被这突如其来的变故完全惊呆了，她不知所措，眼里噙着快要掉下来的泪水。

这个牧师是一个大好人，他的脸上立即浮起慈祥的笑容，说："噢——我知道了，我已经知道你是谁家的孩子——你是上帝的孩子。"

他抚摸着肖菲丝的头，针对肖菲丝发表了一篇简短的演说：

"这里所有的人和你一样，都是上帝的孩子！过去的不等于未来，不论你过去怎么不幸，这都不重要。重要的是你对未来必须充满希望。现在就做出决定，做你想做的人。孩子，人生最重要的不是你从哪里来，而是你要到哪里去。只要你对未来充满希望，你现在就会充满力量。不论你过去怎样，那都已经过去了。只要你调整心态、明确目标、乐观积极地去行动，那么成功就是你的。"

牧师话音刚落，教堂里顿时就爆出热烈的掌声！这些上帝的孩子们没有说一句话，掌声就是理解，就是歉意，就是承认，就是欢迎！

整整13年了，压抑在肖菲丝心灵上的陈年冰封被"博爱"瞬间融化，她终于抑制不住内心的喜怒哀乐，眼泪夺眶而出。

肖菲丝的心态从此发生了巨大的变化：40岁那年，她当选美国田纳西州州长；届满卸任之后，弃政从商，成为世界500家最大企业之一的公司总裁，成为全球赫赫有名的成功人物。67岁时，她出版了自己的回忆录《攀越巅峰》，在书的扉页上写下了这样一句话：过去不等于未来！

生存是需要拼搏、奋斗的，想要达到高标的境界首先就必须要让心灵冲破阻隔，不冲破这种阻隔，境界永远都无法提升。

13 正确对待
自己的缺点和不足

　　这个世界上最动人的语言，不是夸耀，不是奉承，不是雄辩，而是别人悉数你的缺点时用的词语。因为，它的作用是帮助你将自己完善成一件杰出作品的画笔。

　　有一只猫，对于自己的过失总是百般掩饰。

　　老鼠逃掉了，它说："我看它太瘦，等以后养肥了再说。"

　　到河边捉鱼，被鲤鱼的尾巴打了一下，它说："是我不想捉它——捉它还不容易？我就是要利用它的尾巴来洗洗脸。"

　　后来，它掉进河里，同伴们打算救它，它说："你认为我遇到危险了吗？不，我在游泳……"话没说完，它就沉没了。

　　"走吧，"同伴们说，"它又在表演潜水了。"

　　每个人身上都难免会有这样或那样的缺点，但这并不可怕。可怕的是明知道自己的缺点，却要百般掩饰。百般掩饰自己的缺点，无疑是让蛀虫在自己身上蛀洞，最终只能毁了自己。扁鹊是古代一位名医。有一天，他去见蔡桓侯。他仔细端详了蔡桓侯的气色以后，说："大王，您得病了。现在病只在皮肤表层，赶快治，容易治好。"蔡桓侯不以为然地说："我没有病，用不着你来治！"扁鹊走后，蔡桓侯对左右说："这些当医生的，成天想给没病的人治病，好用这种办法来证明自己医术高明。"

过了十天，扁鹊再去看望蔡桓侯。他着急地说："您的病已经发展到肌肉里去了。可得抓紧治疗啊！"蔡桓侯把头一歪："我根本就没有病！你走吧！"扁鹊走后，蔡桓侯很不高兴。又过了十天，扁鹊再去看望蔡桓侯。他看了看蔡桓侯的气色，焦急地说："大王，您的病已经进入了肠胃，不能再耽误了！"蔡桓侯连连摇头："见鬼，我哪来的什么病！"扁鹊走后，蔡桓侯更不高兴了。

又过了十天，扁鹊再一次去看望蔡桓侯。他只看了一眼，掉头就走了。蔡桓侯心里好生纳闷，就派人去问扁鹊："您去看望大王，为什么掉头就走呢？"扁鹊说："有病不怕，只要治疗及时，一般的病都会慢慢好起来的。怕只怕有病说没病，不肯接受治疗。病在皮肤里，可以用热敷；病在肌肉里，可以用针灸；病到肠胃里，可以吃汤药。但是，现在大王的病已经深入骨髓。病到这种程度只能听天由命了，所以，我也不敢再请求为大王治病了。"果然，五天以后，蔡桓侯的病就突然发作了。他打发人赶快去请扁鹊，但是扁鹊已经到别的国家去了。没过几天，蔡桓侯就病死了。

再高明的医生，如果病人不配合治疗，他的病也是无法治愈的；再著名的伯乐，如果千里马自己隐藏实力，它也是无法被发现的。所以说，不管是自身的错误也好，优点也罢，千万不要掩饰。正所谓：不暴露缺点无法更好地改正；不暴露优点，不被人赏识。

14 静心自省，
成功的路上警示牌

    人生如茶，唯有我们静下心来细细地品味它，才能品尝出这杯茶中的芬芳。如果如牛饮一般的开怀畅饮，尝到的只有苦涩或无味。

    老街上有一铁匠铺，铺里住着一位老铁匠。由于没人再需要他打制的铁器，现在他以卖拴狗的链子为生。

    他的经营方式非常古老。人坐在门内，货物摆在门外，不吆喝，不还价，晚上也不收摊。无论什么时候从这儿经过，人们都会看到他在竹椅上躺着，微闭着眼，手里是一个半导体，旁边有一个紫砂壶。

    他的生意也没有好坏之说。每天的收入正够他喝茶和吃饭。他老了，已不再需要多余的东西，因此他非常满足。一天，一个古董商人从老街上经过，偶然间看到老铁匠身旁的那把紫砂壶，因为那把壶古朴雅致，紫黑如墨，有清代制壶名家戴振公的风格。

    他走过去，顺手端起那把壶。壶嘴内有一记印章，果然是戴振公的。商人惊喜不已，因为戴振公在世界上有捏泥成金的美名，据说他的作品现在仅存三件：一件在美国纽约州立博物馆；一件在台湾故宫博物院；还有一件在泰国某位华侨手里，是他1995年在伦敦拍卖市场上，以60万美元的拍卖价买下的。

商人端着那把壶，想以15万元的价格买下它，当他说出这个数字时，老铁匠先是一惊后又拒绝了，因为这把壶是他爷爷留下的，他们祖孙三代打铁时都喝这把壶里的水。

虽没卖壶，但商人走后，老铁匠有生以来第一次失眠了。这把壶他用了近60年，并且一直以为是把普普通通的壶，现在竟有人要以15万元的价钱买下它，他有点想不通。

过去他躺在椅子上喝水，都是闭着眼睛把壶放在小桌上，现在他总要坐起来再看一眼，这，让他非常不舒服。特别让他不能容忍的是，当人们知道他有一把价值连城的茶壶后，总是拥破门，有的问还有没有其他的宝贝，有的甚至开始向他借钱，更有甚者，晚上也推他的门。他的生活被彻底打乱了，他不知该怎样处置这把壶。当那位商人带着30万现金，第二次登门的时候，老铁匠再也坐不住了。他招来左右邻居，拿起一把斧头，当众把那把紫砂壶砸了个粉碎。现在，老铁匠还在卖拴小狗的链子，据说今年他已经101岁了。

老铁匠的长生秘诀就是能够品著人生的真谛，不为突如其来的或喜或悲所惊扰心境。

有时候我们不禁问自己：为什么我们要那么紧张？能不能不紧张呢？今天的生活太紧张，把自己逼迫得太厉害，疯狂地赚钱、工作，结果得不偿失，所得到的物质财富并不能弥补失去的精神财富。那么，我们何不学学老子"致虚极，守静笃"的智慧，让自己的心平静下来品味生活的乐趣呢？

有一位成功的商人，虽然赚了几百万美元，但他似乎从来不曾轻松过。他下班回到家里，刚刚踏入餐厅中。

餐厅中的家具都是胡桃木做的，十分华丽，有一张大餐桌和六张椅子，但他根本没去注意它们。

他在餐桌前坐下来，但心情十分烦躁不安，于是他又站了起来，在房间里走来走去。他心不在焉地敲敲桌面，差点被椅子绊倒。

他的妻子这时候走了进来，在餐桌前坐下。他说声你好，一面用手敲桌面，直到一个仆人把晚餐端上来为止。

他很快地把东西一一吞下，他的两只手就像两把铲子，不断把眼前的晚餐——"铲"进口中。

吃完晚餐后，他立刻起身走进起居室去。起居室装饰得富丽堂皇，意大利真皮大沙发，地板铺着土耳其的手织地毯，墙上挂着名画。他把自己投进一张椅子中，几乎在同一时刻拿起一份报纸。他匆忙地翻了几页，急急瞄了瞄大字标题，然后，把报纸丢到地上，拿起一根雪茄。他一口咬掉雪茄的头部，点燃后吸了两口，便把它放到烟灰缸去。

他不知道自己该怎么办。他突然跳了起来，走到电视机前，打开电视机。等到画面出现时，又很不耐烦地把它关掉。他大步走到客厅的衣架前，抓起他的帽子和外衣，走到屋外散步。

他这样子已有好几百次了。他在事业上虽然十分成功，却一直未学会如何放松自己。他是位紧张的生意人，并且把他职业上的紧张气氛从办公室里带回家里。

能在一切环境中保持宁静心态的人，都具有高贵的品格修养。每个人都应努力培养自己心理上的抗干扰能力，才能达到"致虚极，守静笃"的境界。

15 以慈善之心
点亮人生

　　人世间丑恶的事随处可见，尤其是人类文明进程中伴随的对自然界的残酷的征服。但是，人世间仍有善在，人类仍有善的一面，只要我们尽可能地去发扬善的一面，扼制恶的一面，那么，人类才真正地在向"文明"进化。

　　一位从年轻时代就以帮人按摩为生的盲眼阿婆，一直住在小镇的郊外。有一天，她带着积蓄到镇里找水电行的老板问道："陈老板，可不可以在我家门前的路上装几盏路灯？"

　　水电行老板感到非常吃惊，说："阿婆，您的眼睛看不见，装路灯要干什么？"

　　"从前，我住的地方偏僻，没有人路过，所以不觉得有装灯的必要，加上那时生活苦，也没有多余的钱装灯。现在我存了一些钱，而且从那里路过的人愈来愈多，为了让别人走路方便，请您来帮忙装几盏灯吧！"阿婆说。

　　陈老板听了很感动，只收工本费来为阿婆装上了路灯。盲眼阿婆要装路灯的消息第二天就传遍了全镇，所有的人都被阿婆的善心感动了，主动来参加装灯运动，大家纷纷捐钱，热烈的程度超过想象。因为每个人都在心里想着：

"盲眼人都想到要照亮别人，何况是我们这些好眼睛的人呢？"

结果，不但阿婆家门外的路灯全装起来了，马路扩宽了，通往郊外的木板桥也改成了水泥桥，连阿婆的木屋都被用砖头水泥重砌，成为一个又美丽又坚固的房子。

盲眼阿婆做梦也没有想到，只是因为自己小小的一念善心，竟使得整个小镇都变得光明而美丽。

有的事我们做来可能对自己无益，但只要是它对别人有帮助，我们也应该努力去做。

在县城一条街的尽头，是一家肉联厂，常常有一群群的牛被牛贩子们从千里迢迢的乡下赶来，它们进到肉联厂后，就集体消失了；然后，常常有冷冻车从肉联厂运走一车一车的牛肉，有卡车从肉联厂运出一车一车被码得整整齐齐白森森的牛骨架。

一天中午，又有一群牛被牛贩子吆喝着、挥舞着一根树棍轰撵着走在这条街道上，走向街尽头的肉联厂。牛群走过几百米远的时候，有一只懵懵懂懂的牛崽远远地、跌跌撞撞地跟过来。它很小，可能刚来到这个世界上没几天，浅黄色的乳毛被干了的乳液粘在瘦小的躯体上，它还没来得及学会哞叫，只是瞪着一双童稚的惊恐的眼睛，远远地跟在牛群的后面，追着它的妈妈。它的妈妈肯定就在那群牛里。

撵牛的牛贩子看都不看它一眼，他们知道，只要把那群有它妈妈的牛撵进肉联厂里，它一定会跟进来，因为它和一个小小的孩子一样，还眷恋着妈妈的乳汁，眷恋着妈妈慈爱而温暖的抚摸和呵护……

但牛贩子想错了，那只苦苦追着妈妈已经跌跌撞撞走了几十里的牛崽，竟在距肉联厂仅仅几百米的街道上失踪了，它被谁截藏了。

气恼的牛贩子立刻到附近的公安分局报了案，但十几个办案的警察整整奔波了一下午都没有找到一点点有价值的线索。他们询问每一个在街边弈棋、搓麻将或者打牌的人，每一个人都肯定地回答："没看见。"

直到半夜时分，警察们才在街道近处居民区的一家院子里发现了这只牛崽，几十个居民们正在围着这头牛崽忙碌着。几个老太太在用婴儿用的奶瓶给它喂奶，一群年轻人正忙着给它修建防寒的窝棚。面对不期而至的十几个警察，忙碌着的人们谁也没有惊恐，只有两个老太太流着泪说："瞧，多可怜的孩子啊，或许它妈妈这会儿已经没有了……"

十几个警察谁也没说话，他们默默地站了一会儿，又默默地离开了。这个案子成为这个公安分局当年唯一没有破获的案子。我们的行为可能带动别人，最终形成巨大的力量，把平时认为难办的事在不经意间解决了。这就是善心的力量。

16 改变一下思维模式，
会有新的发现

一般的"常道"思维，只能使人处于常规状态，容易导致保守、停滞。若想能够有所成就，就必须采取某种"非常道"的思维。

上个世纪，美国宇航局曾悬赏10万美金向全世界征集设计一种在任何方向下都能书写的笔：不用吸水，不受地球引力限制，可以较长时间使用的供宇航员在太空使用的笔的方案。许多人都普遍地认为这种笔要求那么多一定很先进、科技含量一定很高，于是全世界许多人设计了许多种科技含量很高的笔，但都无法通过最后的检验。一个德国科学家突破了常人认为"需要高科技"的思维定势，给美国宇航局写了一封信，信中写道：用铅笔。仅仅三个字，既解决了宇航员太空书写的难题，又赢得了10万美金，可见逆向思维的重要所在。

许多人遇到困难之后，常常会苦思冥想却不得其解，然而运用"非常道"的智慧从另一个角度、从常人通常想不到的方面出发，常会收到事半功倍的效果。我们不妨学一点逆向思维，突破常人的思维定势，从相反方向或非"常人"的角度去思考问题，唱点反调，也会取得意想不到的效果。

1943年中，第二次世界大战进入白热化的程度。为了能够更有效地打击法西斯势力，盟军决定给希特勒设一个圈套。而策划实施这一计划的是盟国中的英国。为了让希特勒彻底相信盟军的进攻重点是萨迪尼亚和希腊的伯罗奔尼撒，而不是西西里，他们决定在海上漂浮一具尸体，在其口袋里装入与进攻计划有关的内容。

他们把实施这一计划的地点确立在西班牙海岸，因为那里的德国人活动频繁。如果一切进展顺利的话，尸体就会被德国人发现，那么假情报就会使他们受骗上当。

英国人根据人们"想当然"的思维方式，把所有的细枝末节都策划得天衣无缝，连尸体都像经历了一场空难而掉进海里的一样。经过仔细搜寻，他们终于找到一具最合适不过的尸体——一名死于肺炎又暴尸荒野的男性，他们给他取名为威廉姆·马丁少校。策划者们在尸体的口袋里装入的东西有戏票、银行开出的一张透支通知单、几封未婚妻的情书，当然还有绝密的进攻计划。

在一个风平浪静的日子里，他们悄悄将"马丁少校"送入大海……

几个月后，盟军在西西里登陆，发现敌人的兵力果然分散到了别处，从而轻而易举地赢得了成功。事后获悉，德军果然因自己的思维定式而中计。

事实上，人们在日常生活中常常会凭着"想当然"的思维定式对问题做分析、并进行解决。这样的结果往往不那么见效，反而常会导致失败而郁闷的结果。如果人们能够在常态中采取常法解决问题；在非常状态中采取一种突破性思维进行思考，那么任何难题都会迎刃而解的。

17 永远不要给
自己打满分

车子必须在空着的时候，才能发挥载运的作用。搓揉陶土来制造器皿，中间要保留空间，才有盛物的功能。有一天，有位大学教授特地向日本明治时代著名禅师南隐问禅，南隐只是以茶相待，却不说禅。

他将茶水注入这位来客的杯子，直到杯满，还是继续注入。

这位教授眼睁睁地望着茶水不停地溢出杯外，再也不能沉默下去了，终于说道：

"已经漫出来了，不要再倒了！"

"你就像这只杯子一样。"南隐答道，"里面装满了你自己的看法和想法。你不先把你自己的杯子空掉，叫我如何对你说禅呢？"

心太满，什么东西都进不去；心不满，才能有足够的装填空间。

弓如果时刻保持张开的状态，那么等到使用它的时候就不会将箭射得很远，人的内心一旦被装得过满，就不会在人生之路上再有大的作为了。给自己的内心留出足够大的空间，我们才能有更大的发展潜力。

李博生是中国工艺美术大师，他的许多作品都是作为国宝级礼品，由国家领导人赠送给尊贵的外宾。他的玛瑙作品《无量寿佛》曾获百花奖的金杯奖，是顶级作品。入行45年了，他说自己的工作是完善玉石，去除玉石瑕疵。

李博生告诉记者："人要活得有激情，就要为自己找一个值得追求的目标。"

1958年，李博生到玉雕厂工作。第一次进厂，他看到的是好几位玉雕师光着膀子汗流浃背地打磨原石的场面。他于是知道了，做玉雕不光是雕刻那么简单，他心里暗暗发誓，一定要让自己做到最好。琢玉三年，他出师了，好几位高级工围着他的考级作品作评判。看见评委们频频点头，他充满自信。可是分数打出来了，评委们只给了他99分。他很不服气，问评委"为什么要扣掉1分，明明可以打100分的"。评委们没有跟他争执，只是微笑着不停地点头。最后，一位高级技师对他说：你别自以为是了，他们扣掉你一分，是为了你的明天；还差一分，你还有前进的余地；要是给你100分，你就走到头了，你还有发展吗？你的明天因此也就完了！

李博生恍然大悟。从此，他不再满足自己。虽然前辈大师们的作品的影子已在他心里生了根，但他并不限于那些框框，而是执著地走更加艰辛的探索与创作之路。30岁的时候，他进入了顶级玉雕大师的行列。

永远都不要给自己的人生打上满分，顶多打到99分就可以了，否则就会失去前进的动力。只能达到99分的人生，就如同是一个永远都装不满的箩筐，因为装不满，我们才能往里面装进去更多的东西，人生才能学到更多的东西。

18 有些局限，
   并非不可逾越

心，可以超越困难，可以突破阻挠；心，可以粉碎障碍；心，终必会达到你的期望。最大的障碍是你自己！是你面对"不可能完成"的高难度工作时，心中给自己定义为无能力完成这份工作的消极心态。

有一位撑杆跳的选手，一直苦练都无法越过某一个高度，他失望地对教练说："我实在是跳不过去。"

教练问："你心里在想什么？"

他说："我一冲到起跳线时，看到那个高度，就觉得我跳不过去。"

教练告诉他："你一定可以跳过去。把你的心从竿上摔过去，你的身子也一定会跟着过去。"他撑起竿又跳了一次，果然跃过。

盖茨说："希望我们能像他一样，为改变自己的命运努力做点什么事。如果我们尝试着去做一件还有点价值的事，假如失败了，我们便借故来掩饰自己，那么我们就是在以自己的缺憾为借口了。"

缺憾应当成为一种促使自己向上的激励机制，而不是一种宽恕和自甘沉沦的理由。一个不敢挑战自我的人，只能懦弱地活着。从美国成功的广告人罗杰斯尔身上，我们就会发现挑战的巨大魅力。

1972年，罗杰斯尔刚刚高中毕业，他想找份工作，打算以销售工作开始。他梦想拥有公司配的又新又好的汽车，一份丰厚的薪水外加佣金和奖金，每天西装革履地上班，还有出差的机会。

一天，罗杰斯尔偶然发现了一则招聘广告：一家出版公司的全国销售经理要在本城呆两天，只为了招聘一位负责4个州内的各书店、百货公司和零售商的业务代表。罗杰斯尔梦想在将来成为作家或出版家，所以"出版"二字对他来说是有吸引力的。广告又说，起初月薪2000美元到2500美元，外加佣金、奖金、公务费和公司配车。这正是他梦寐以求的工作。

然而，不幸的是，他去面试时，那位全国业务经理很客气地向他解释，他不是他们要找的人。一是罗杰斯尔太年轻；二是他没有工作经验；三是他没念大学。这份工作显然是为年龄在30到40岁之间、大学毕业，并具有相当丰富经验的人准备的，高中刚毕业的他显然不适合。该公司已有几位应聘者待定。罗杰斯尔竭力毛遂自荐，但招聘者态度坚决——他就是不够格。

这时，罗杰斯尔亮出了绝招。他说："你们这个地区缺商务代表已经4个月了，再缺2个月也不至于要命吧。看看我的主意：让我做2个月，公司只负担公务费，我不要工资，还开我自己的车。如果我向你证明胜任这份工作，你再以半薪雇我2个月，不过我要全额佣金和奖金，还得给我配车。如果这2个月我仍胜任这份工作，你就用正常条件录用我。业务经理听完罗杰斯尔的一番话点头微笑了。他被破格录用了。罗杰斯尔的表现并未让他们失望。

在很短的时间内，罗杰斯尔凭借自己的努力，他重组了销售流程，短期内在重要的地区让更多的新客户的产品摆在了他们的整个摊位、进到了新的非书店连锁的大公司。结果可想而知。两个月以后，罗杰斯尔有了公司的配车、全额工资、全额佣金和奖金。

勇于挑战自我，才会拥有更多的机会和成功。有句格言说得好："失败者任其失败，成功者创造成功。"格言强调，胜利者天生是倾向行动的人，倾向挑战的人，人生到处充满挑战，成功的关键在于你是否敢于接受挑战，激发挑战挫折的气魄。

19 挫折和困难，
挡不住成功者的脚步

我们要始终保持从容乐观的心态。在困难面前不低头，在挫折面前，要从容面对。

有一对犹太老夫妻，他们很穷，有时还挨饿。最后他们实在无计可施，老头对妻子说："老伴，咱们给上帝写封信吧！"于是他们写了信，求上帝帮忙。还签了名，写了地址，封好。"我们怎样才能把这封信寄到上帝那里呢？"老伴不放心地问。

"上帝无所不在。"老头答道，"我们的信无论用什么方法寄，他都一定能收到。"

于是他走出门去，把信一扔，被风顺势吹远了。

这时，碰巧有一位富人经过，他好奇地捡起信，他被信里老夫妇的虔诚和天真给打动了，非常同情他们，他决定帮助他们。过了一会儿，他按照信上的地址，敲开了老夫妻的门。"约瑟先生住在这里吗？"他问道。

"我就是。"老头答道。富人对他说："几分钟之前上帝收到你的信，我是他在法国的代理人，他叫我给你送来100法郎。"

"你瞧怎么样？"老头高兴地大声说，"上帝收到我们的信了！"

老夫妇收下了钱，对上帝的代言人千恩万谢。

但当那位先生走后，老头满腹狐疑。妻子问他怎么了，老头若有所思地说："那个代理人看上去一点也不诚实，他可能同我们耍了滑头。很可能上帝给了他200法郎给我们，可能他留了一半做佣金。"

每当我们受到阻碍不能正常地发挥我们的能力时，我们的能力就会随之变化。即使你的身体处于一种极不好的状态中，只要你的心态是好的，你仍然可以过着对社会有用的幸福生活。

在英国的一个小农场里，生活着来恩一家。虽然来恩凭借健康的身体每天起早贪黑地工作，但仍然不能使农场生产出比他的家庭所需要的更多的产品。这样的生活年复一年地过着，直到来恩患了老年全身麻痹症，卧床不起，几乎失去了生活能力。凡是认识他的人都确信，他将永远成为一个失去自由和希望的病人，他不可能再为这个家做些什么了。

可是，来恩却不这么想，他的身体是不能动弹了，但是他的心态并没有受到影响。他在思考、在计划。他要用另一种方式供养他的家庭，他不想成为家庭的负担。

他把他的计划讲给大家听，他说："我很遗憾，再也不能用我的身体劳动了，所以我决定用我的头脑从事劳动。如果你们愿意的话，你们每个人都可以代替我的手、脚和身体。我的计划是把我们农场的每一亩地都种上玉米；再用所收的玉米喂猪；当我们的猪还幼小时，就把它们宰掉，做成香肠，然后把香肠包装起来，取一个我们自己的名字，送到零售店出售。"他低声轻笑，接着说道，"也许这种香肠会在全国像热糕点一样出售。"

来恩说出了一句最成功的预言。这种香肠确实出售了！几年后，"来恩乳猪香肠"竟成了家庭生活的日常用语，成了最能引起人们胃口的一种食品。

他躺在床上看到自己成了百万富翁很高兴，因为他是一个有用的人。

来恩以自己的经历撰文，给那些因为生理残障而绝望的病人，其中有这样一句话：如果人生交给我们一个问题，它也会同时交给我们处理这个问题的能力，而绝不会使我们陷入窘境。

面对痛苦，不要一味地回避和躲让。因为有了它，我们的人生才变得多姿多彩，我们的意志才变得坚忍不拔，我们的思维才变得成熟敏捷。学会迎接痛苦、医治痛苦、化解痛苦，将痛苦看作一种锻炼。它是让我们走向幸福生活的开始。

20 在通往成功的路上，没有抑郁者的脚步

生活中要充满笑声和欢乐，这才是明智的人生，让我们对生活充满激情，尽情享受生活的每一天。

有一位酒店的职员，他的工作是在酒店里弹钢琴，收入不高，却总是乐呵呵的，对什么事都表现出乐观的态度。他常说："太阳落了，还会升起来，太阳升起来，也会落下去，这就是生活。"

他很爱车，但是凭他的收入想买车是不可能的。与朋友们在一起的时

候，他总是说："要是有一部车该多好啊！"眼中充满了无限向往。

有人逗他说："你去买彩票吧，中了奖就有车了！"于是他买了两块钱的彩票。可能是上天优待于他，就凭着两块钱的一张体育彩票，果真中了个大奖。他终于如愿以偿，用奖金买了一辆车，整天开着车兜风，酒店也去得少了，人们经常看见他吹着口哨在林阴道上行驶，车也总是擦得一尘不染的。

然而有一天，他把车泊在楼下，半小时后下楼时，发现车被盗了。朋友们得知消息，想到他那么爱车如命，几万块钱买的车眨眼工夫就没了，都担心他受不了这个打击，便相约来安慰他："伙计，车丢了，你千万不要太悲伤啊！"这时他大笑起来，说道："嘿，我为什么要悲伤啊？"朋友们疑惑地互相望着。"如果你们谁不小心丢了两块钱，会悲伤吗？""当然不会！""是啊，我丢的就是两块钱啊！"

好心情可以使你保持轻松，减轻工作压力。一个好心情的人，他平时的心情往往比严肃的人要轻松得多，因为笑声把那些不顺心的事都冲淡了，能够经常保持好的心情，他的工作压力自然就小得多。

好心情还能够改善组织内的生产力与士气。在剑拔弩张的工作场所，好心情似乎是用来对付压力的最好的方式之一。

许多管理专家发现，工作时保持好的心情能够改善组织内的生产力与士气，而且，拥有好心情的人通常在工作表现上胜过那些心情一般或不够好的人。

有一位经理，一大早起床，发现上班时间快要来不及了，便急急忙忙地开了车往公司急奔。一路上，为了赶时间，这位经理连闯了几个红灯，终于在一个路口被警察拦了下来，给他开了罚单。

这样一来，上班更是要迟到了。到了办公室之后，这位经理犹如吃了火药一般，看着桌上放着几封昨天下班前便已交代秘书寄出的信件，经理更是生气，把秘书叫了进来，劈头就是一阵痛骂。

秘书被骂得颇有莫名其妙的感觉，拿着未寄出的信件，走到前台小姐的座位，又是一阵狠批；秘书责怪前台小姐昨天没有提醒她寄信。

总机小姐被骂得心情恶劣至极，便找来公司内职位最低的清洁工，借题发挥，对清洁工的工作，没头没脑地，又是一连串声色俱厉的指责。

清洁工底下，没有人可以再骂着下去，她只得憋着一肚子闷气。

下班回到家，清洁工见到读小学的儿子趴在地上看电视，衣服、书包、零食，丢得满地都是，当下逮住机会，便把儿子好好地修理了一顿。

儿子电视也看不成了，愤愤地回到自己的卧室，见到家里那只大懒猫正盘踞在房门口，儿子一时怒由心中起、火向胆边生，立即狠狠地一脚，把猫儿给踢得远远的。

无故遭殃的猫儿，心中百思不解："我这又是招谁惹谁了？"经理的坏情绪就这样一个接一个地无休止地传下去，后果是可想而知的。

人生的成长不可能一帆风顺，面对生活的磨砺，保持良好的心态是快乐的秘诀。可能不是每个人都能出人头地，但是每个人都可以过得快快乐乐，快乐的秘诀，就在自己的心里。不要太拘泥于成败得失，给自己的心灵多一些阳光，多一些自由。

21 规律要遵循，
成功者从不违逆自然规律

对自己太苛刻的人，永远都快乐不起来。

有一个人对自己坎坷的命运实在不堪忍受，于是天天在家里祈求上帝改变自己的命运。上帝被他的诚心打动，于是对他承诺："如果你能在世间找到一位对自己命运满意的人，你的厄运即可结束。"此人如获至宝，开始他寻找的历程。

这一天，他终于走到皇宫，询问万人之上的皇帝："万岁，您有至高无上的皇权，有享受不完的荣华富贵，您对自己的命运满意吗？"皇上叹道："我虽贵为国君，却日日寝食不安，时刻担心有人篡夺我的王位，担心国家是否能长治久安，我能否长命百岁，还不如一个快乐的流浪汉！"这人又去找了一个正在晒太阳的流浪汉，问道："流浪汉，你可以不必为国家大事操心，可以无忧无虑地晒太阳，连皇上都羡慕你，你对自己的命运满意吗？"流浪汉听后大笑："你是开玩笑吧？我一天到晚食不果腹，怎么可能对自己的命运满意呢？"就这样，他走遍了世界的每个角落，访问了各行各业的人，所有的人说到自己的命运竟无一不摇头叹息，口出怨言。这人终有所悟，不再抱怨生活，一切顺其自然。

世界上绝对不存在没有烦恼的人，所以也就没有真正快乐的人，而那些真正懂得顺其自然的人，却能够领悟到那仅存的些许简单的快乐。

吴敬梓最后一次科举落第后，决心不再走此路。他在家乡安徽全椒，一边开馆授业，一边写作《儒林外史》，既不哀叹时运不济，也不因生活困顿而怨天尤人。隆冬季节，天寒地冻，手足皆冷，无法阅读写作，他便约上几位好友，一路说笑着来到城外的大路上，进行跑步比赛，几圈下来，感觉全身温暖通泰，同时与友人们一番谈天说地，心中无比舒坦。回去之后，还能心平气和地读写数页。

日月如流，不觉中岁月已近黄昏。一天晚上，他和好友王又曾在一起谈笑风生，谈古说今，十分尽兴，回到寓所后，他又小饮数杯，微有醉意，便自行脱衣解带，上床休息。出人意料的是，上床睡觉不到一顿饭工夫，吴敬梓就辞世了。朋友们在检点他的遗物时发现，他囊空如洗，为他买棺收殓，把他的灵柩从扬州用船运回南京，安葬在清凉山脚下。吴敬梓一生清寒，但死得安详，没有病楚，他的精神依然是健在的。

一代才子吴敬梓，有着高贵的品质和满腔的才情，却在艰难困苦中结束了他孤峭凌厉的一生，但他的《儒林外史》精美绝伦，书中所表现的儒林百态，才是人生真正写照。他虽然穷困潦倒，但苦中有乐、心神安宁、体理自然。

人们对事物一味理想化的要求导致了内心的苛刻与紧张，所以常常不能心态平和，追求完美的同时也失去了很多美好的东西。事物总是循着自身的规律发展，即便不够理想，它也不会单纯，更不会因为人的主观意识而发生改变。这对于人类也一样，我们要顺其自然，不要去强求生活，对待人生亦该如此。

22 机会稍纵即逝，
必须紧紧抓住

　　真正的成功者是在没有机会时运用独到的眼光寻找机会、发现机会乃至创造机会，而在"无望"的机会面前懂得运用智慧，让它变得价值连城。

　　一个阿拉伯商人随团到中国旅游。他看见一大清早街上有很多人急急忙忙地挤车赶着去上班，他疑惑地问导游小姐："这些人怎么那么慌张，他们一天上班几个小时？"

　　"至少8个小时，加上路上所用时间可能得10个小时。"导游答道。

　　"他们一天有那么多事要做吗？需要花那么长时间？"他感到有点不可思议。

　　"大家都是这样，"导游小姐说，"你们经商的不也是非常忙碌吗？"

　　"并不是你想象的那样。"这位阿拉伯商人说，"真正有办法的人，他们的日子过的既清闲又富裕。因为他们肯动脑筋，做1小时的工作所得的报酬超过一般人做几个小时所得的报酬。你想，一个人如果整天忙于做一件事，累了就睡，睡醒又开始紧张的工作，没有一点时间去思考，又如何谈得上有新的创见呢？因此，人们每天除了做必须的工作时间以外，一定要抽出时间来思考改善目前状况的计策。假如每个人都注重思考，还有一想到具体的方法就立刻去做，我相信任何人都不会平淡无奇的度过一生的。"

无路可走之处往往绝境逢生。对于当初勇敢接受似是无望的机会的人来说，它是"柳暗花明又一村"的惊喜，也是对自己胆略、谋识最好的认可。

人们已经习惯了正常的思维方式，即使没有什么成效仍很难改变。这时候，逆向思维能给你以新的思路，逆向而往，走一着险棋往往可以带来与众不同的胜局。

奥运会能为举办国带来巨额收益，现在是一条真理，但是第23届洛杉矶奥运会以前的各届运动会都是亏本买卖，主办国均为此付出了昂贵的经济代价。

1984年国际奥委会决定在美国洛杉矶举办第23届奥运会，美国政府和洛杉矶政府得悉这一消息后表示了不予经济援助，但又不愿放弃这一机会的暧昧态度。正在两难之际，美国第一旅游公司副董事长，40岁的尤伯罗斯挺身而出，答应"自筹资金，不要政府一分钱"，非但如此还夸下海口："我个人承办这次奥运会，要净赚2亿美元。"当时别人都认为他可能是梦做多了，要么就是大脑进水，只有他胸有成竹，因为一个出色的策划方案已经了然于胸。当有140多个国家和地区参加的洛杉矶奥运会落下帷幕后，尤伯罗斯实现了被认为"不可能"的诺言，不但圆满举办了奥运会，还超额完成了任务，净赚了2.5亿美元。

这个奇人尤伯罗斯做了些什么呢？

首先，尤伯罗斯改变了过分"纯洁"的强调奥运会政治功能和体育功能，而忽略经济功能的固有思想，这是他取胜的关键。

其次，尤伯罗斯抓住人人都想当第一的观念，做出了一个惊人的决定：限制赞助单位数量，且同行业只选一家。这个决定意味着能成为赞助单位的企业，其产品也能在同行业中独占鳌头，如此一来，各大企业争相报名，有些行业的竞争直趋白热化，结果尤伯罗斯很自然地得到了一笔可观的赞助。

尤伯罗斯采取的第三个策略是广开财源，来者不拒，延长火炬传递路程，让那些想过传递火炬瘾又乐意出资的人也能持炬走一段。此外，他还把本次奥运会会徽、会标、吉祥物等作为专利，出售给那些想以此做广告资料的人。

除了开源，尤伯罗斯还很注意节流，他充分利用现有资源，破天荒地招聘义务服务者，精简机构。

由于尤伯罗斯策划有方，经营有术，组织得力，创造了世界奥运史上的一个奇迹，也为后续者开拓了一条值得借鉴的阳光大道。

尤伯罗斯采取的手段即使在当时也算稀松平常，可是为什么除了他之外再无人肯试一下呢？可见人人都具有化腐朽为神奇、变平凡为超凡的能力，然而现实中这种人却微乎其微，何者？尤伯罗斯惊人的胆识和魄力，善于捕捉机会的本领，熟悉驾驭全过程的才能是很好的回答。

当然，最重要的是，抓住这从天而降的机会，另辟蹊径反败为胜。因此，从现在开始，你不要再抱怨没有机会垂青了。

23 找到适合自己的契合点，
直达成功

"做自己喜欢和善于做的事，上帝也会助你走向成功。"

望女成凤的父母对她寄予厚望。从小这个班、那个班的没少给她报名，但钱花了不少，她却什么也没有学到。高考的时候，连大专的分数线也不够。

随着她分数的逐年递减，父母的希望值由高到低，最后变成了零。由于高考落榜，父母只好又花钱把她送到一所民办的学校学习外语。可是，几年下来，她的进步很小，厌学厌到经常逃课，听见老师讲课就心烦。混到毕业，连本校的毕业证书都没能拿到。

在家里无所事事地混了一段时间，父母又托人给她找了家公司上班。公司做的是机电设备业务。有一次，一个客户打电话问她某某型号的泵的重量是多少。她不知道，便问一位同行。

同行支吾着说："我也不知道。"她又问另一位同行，得到的回答也是"不知道"。

同行异口同声的"不知道"引起了她极大的好奇心。她怎么也想不通，那些干了多年的同行怎么会不知道。于是，她找来一些有关泵的资料，并实地到厂家去考察，把各种型号的泵的重量、性能等等都记录下来。很快，她成了这个行业的精英。

她的兴趣由设备扩展到技术术语，再由技术术语扩展到外语语法。渐渐地，她的外语水平和技术知识在公司里无人能及。后来，她考上了研究生，拿到了硕士学位，目前正在读博士。她的父母感到很奇怪，从小给她下了那么大的工夫，花了那么多钱，她却连大专都没能考上。最后，她却一边上班，一边在这么短的时间内考上博士研究生！

兴趣不只是对事物的表面的关心，任何一种兴趣都是由于获得这方面的知识或参与这种活动而使人体验到情绪上的满足而产生的。例如，一个人对跳舞感兴趣，他就会主动地、积极寻找机会去参加，而且在跳舞时感到愉悦、放松和乐趣，表现出积极而自觉自愿。

比尔·盖茨是计算机方面的天才，早在他还没有成名的时候，他对计算机就十分痴迷，并且是一个典型的工作狂，但这种"工作"完全是出于一种本能的爱好，这种爱好在他在湖滨中学时期就已表现得淋漓尽致。

那时候，为了研究和电脑玩扑克的程序，他简直到了如饥似渴的程度。扑克和计算机消耗了他的大部分时间。像其他所专注的事情一样，盖茨玩扑克很认真，虽然他第一次玩得糟透了，但他并不气馁，最后终于成了扑克高手，并研制成了这种计算机程序。在那段时间里，只要晚上不玩扑克，盖茨就会出现在哈佛大学的艾肯计算机中心，因为那时使用计算机的人还不多。有时疲惫不堪的他，会趴在电脑上酣然入睡。盖茨的同学说，常在清晨发现盖茨在机房里熟睡。盖茨也许不是哈佛大学数学成绩最好的学生，但他在计算机方面的才能却无人可以匹敌。他的导师不仅为他的聪明才智感到惊奇，更为他那旺盛而充沛的精力而赞叹。

在盖茨开始创业时期，除了谈生意、出差，盖茨就是在公司里通宵达旦地工作，常常至深夜。有时，秘书会发现他竟然在办公室的地板上鼾声大作，天才加爱好、再加勤奋，成就了这位世界首富辉煌而幸福的人生历程。

兴趣是人的动力所在，只有足够的兴趣才能引发一个人的爱好和热情，才能让我们在工作中不知疲倦的付出，当一个人的兴趣能和自己的工作结合起来的时候，他必将在工作中获得更多的东西。

第五章
智慧的魔棒，就在你身边

　　一个人的一生，总是不断地要和他人或集体产生千丝万缕的联系，这就是人生。因此，如何处理这些错综复杂的关系，并在此过程中取得和谐，则是人生的一门最高的艺术。大凡在事业上有所成就的人，都是极其自信而又善于把信心灌输给他人的人。这种人，实际上就是一个会社交的人，社交擅长与否，存乎智愚之别。会社交是智；不会社交是愚。社交中的学问，是一种随机应变，善于表达，善于处世，且能顾及他人所思所想的学问。交往的艺术是一个人智慧的最具体也是最集中的体现，需要终身地修炼。伴随着它的成熟，人与人之间的距离也将越来越近。

01 说话算数绝不食言，
     赢得信任

"说话吐钉"的人，才是可信之人。

古时候，有个人的妻子要到集市上买东西。这时家里的儿子哭闹着要随她一起去，可是集市上人太多了，好心的妻子怕儿子挤伤或挤丢了，于是便哄儿子说："孩子，好好在家里呆着，等我回来就给你杀猪吃。"孩子这才不闹了。

妻子上集市去了，回来后看到丈夫正在动手杀猪，很是纳闷儿，还以为来了贵客，便问："什么样的贵客，还要杀猪款待呀？"丈夫说："你刚才对孩子说要杀猪，我只好杀猪了。"

妻子气极，大骂他愚蠢。她说，她只不过是在哄儿子玩，不能当真的！

丈夫平静地对她说："父母是孩子的榜样。在这件事上你骗了他，等同于教他去骗别人，你若是一味地哄骗儿子，儿子以后还有可能相信你的话吗？孩子也会因为你的不守信用而变坏的！"妻子只好帮忙一起杀猪。从此以后，妻子再也没有随便哄骗过儿子。

说话办事实打实，承诺兑现率高的人是人们最欣赏的人。然而随着社会的进步，社会上反而出现了一些信任危机，那就是不论是亲戚朋友，还是商场伙伴，在信任的问题上往往存在着很大的顾虑。那些在生活或者商场中，口不应心，说一套做一套，赖皮不兑现自己承诺的人，是人们最深恶痛绝而鄙视的，这类人将永远得不到人们的尊重，而其人生也将是失败的。

苏州城里的山东大老板吴德合在高中毕业后，不甘心做一辈子庄稼汉。最早，他在家乡做些收购地瓜干、经营化肥等小生意。渐渐地，他有了"到大城市去闯闯"的念头。

吴德合看到苏州人从外地贩菜挺来钱，便从安徽购来一车菜到苏州卖，由于没有经验，结果全赔了进去。搭上了本钱，吴德合懂得了先学后干。便去给当地的菜贩子打小工，少说多干，又诚实，人家挺喜欢他，向他传活，他从中学到了不少"贩菜经"，路子也熟了。

后来，他用省吃俭用攒下的钱，将苏州新市墙边的一家小水果批发部盘了下来，成了坐地经营蔬菜、水果的小业主。后来生意越做越大，吴德合不断扩大自己的蔬菜、水果经营规模。为了扎稳脚跟，他加盟了苏州蔬菜集团，成为集团下属的公司。

谈起吴德合的可靠，讲诚信，他的朋友讲了这样的一个小故事。

有一次，家乡枣庄市薛城区有关领导给他打电话，委托他帮助南石镇农民销售早春西瓜。西瓜运到苏州时，每公斤的批发价格比运时低了许多，吴德合没有"随行就市"，依然按原定价收购，一车西瓜自己就赔进去4000多元！南石的贩瓜户们说："跟老吴做生意，舒心、放心！"

据粗略统计，苏州城每年消费的水果，60％来自山东，光南石的早春西瓜，每年就销往苏州2000多吨。现在他的生意越做越大，但他还是经常说："人呢，要想发财，不应该有什么歪门邪道，就应该建立一个互相信任的关系，才能大干一场。"

"要想成为一个富人，你首先要有一个好的名声，好的名声就是有一个良好的信誉，要做到这一点，不是一天两天能够达到的，必须经过长期的积累。"你懂得了这个道理了吗？

02 攻心为上，
让自己的才智得到欣赏

如果成功有任何秘诀的话，就是了解对方的观点，并且从他的角度来看问题。

从前有个人很喜欢弹琴，并自以为是世上最好的琴手。他经常对着牛弹一些高雅的琴乐，希望牛能听懂他的音乐，那样便更能显示他高超琴技了。

可是他对着牛弹了一曲又一曲的名曲，牛却不为所动，仍是安闲地吃着草，根本就没理会他的琴声。后来他苦思冥想，终于明白了其中的原因：并非是牛没有听到他的音乐，而是他弹的曲子让牛觉得一点兴趣也没有，所以才会一点反应也没有。

于是这个人变换了一种弹法，不再弹什么曲子了，而是随便弹出一些琴音来：好像蚊蝇在飞动、还有牛的一些叫声。这时牛便有所反应了，有时摆动尾巴作驱赶蚊蝇之状；有时候也回应地叫几声；或者全神贯注地盯着古琴好像在寻找什么，似乎牛真地听懂了他的琴声。

钓鱼的人知道：鱼儿较喜欢小虫。每次你去钓鱼时，不要想你所要的，要想鱼儿所要的，在鱼儿面前垂下一只小虫或蚱蜢。做事也是一样，如果我们能够抓住事物最重要的环节，来突破的话，那成功的几率自然会很大。

奥佛史屈教授曾在他出版的《影响人类的行为》一书中说："行动出自我们自己的渴望……我最好的忠告是：首先，撩起对方的急切欲望。能够做到这点的人，就可掌握世界。不能的人，将孤独一生。"

卡耐基曾向纽约某家饭店租用大舞厅，每一季用20个晚上举办一系列的讲座。在某一季开始的时候，他突然接到通知说，他必须付出比以前高出3倍的租金。他得到这个通知的时候，入场券已经印好，发出去了，而且所有的通告都已经公布了。他不想付这笔增加的租金，可是跟饭店的人谈论自己不要什么，又有什么用？他们只对他们所要的感兴趣。因此，几天之后，卡耐基去见饭店的经理。

"收到你的信，我有点吃惊。"他说，"但是我根本不怪你。如果我是你，我也可能发出一封类似的信。你身为饭店的经理，有责任尽可能地使收入增加。现在，我们拿出一张纸来，把你坚持要增加租金可能得到的利弊列出来。"

然后，卡耐基取出一张信纸，在中间划出一条线，一边写着"利"，另一边写着"弊"。他在"利"这边的下面写下这些字："舞厅空下来。"接着说："你把舞厅租给别人开舞会或开大会，这是一个很大的好处，因为像这类的活动，比租给人家讲课会增加不少收入。如果我把你的舞厅占用20个晚上来讲课，对你当然是一笔不小的损失。现在，我们来考虑坏处方面。第一，你不能从我这儿增加你的收入，我只好被逼得到别的地方去开这些课。这还有一个坏处。这些课程吸引不少受过教育、水准高的人士到你的饭店来，这对你是一个很好的宣传。事实上，如果你花费5000美元在报上登广告，也无法像我的这些课程能吸引这么多的人来看看你的饭店。这对一家饭店来讲，不是价值很大吗，对不对？"

卡耐基一面说，一面把这两项坏处写在"弊"的下面，然后把纸递给饭店的经理，说："我希望你好好考虑这些利弊，然后告诉我你的最后决定。"

第二天收到一封信，通知他租金只涨50％，而不是300％。请注意，卡耐基没有说出一句他所要的，就得到这个减租的请求。他一直都是在谈论对方所要的。如果像一般人所做的：怒气冲冲地冲到经理的办公室去说："你这是什么意思，明明知道我的入场券已经印好，通知已经发出，却要增加3倍的租金？岂有此理！荒谬！我不付！"

人生就是一个与人打交道的过程，从对方观点出发投其所好，让他觉得有利可图不吃亏的话，他也会为你开启方便之门、助你成功的。

03 以礼相待，
相互尊重

不尊敬别人，就得不到别人的尊敬。因此，我们要以礼待人。

有一次，好战的普鲁士国王弗利德力希二世在周游全国时没有带自己的医生。当他走到汉诺威市的时候，却病倒了，只好请当地的医生茨麦尔莫治疗，尽管国王不那么相信地方医生。

"亲爱的，你送到阴曹地府的人多吗？"弗利德力希毫不客气地问医生。

"不像您那么多，陛下。所以，它带给我的荣誉也很少。"国王以后才听说，茨麦尔莫是一位很出色的医生，理应受到非常的尊敬。

人人都希望受到别人的尊重，然而我们却总是忘了给予别人应有的尊重，试想一下，一个不尊重你的人，你会心甘情愿地尊重他吗？恐怕这点只有圣人能够做到，既然我们是凡人又想得到他人的尊重，首先就要学会理解和尊重他人，然后我们才能得到想要的尊重与爱戴。

1843年，林肯作为伊利诺斯州共和党的候选人，与民主党的卡特莱特竞选该州在国会的众议员席位。

卡特莱特是个有名的牧师，为了战胜林肯，他大肆攻击林肯不承认耶稣，甚至诬蔑过耶稣是"私生子"等，搞得满城风雨，致使林肯在选民中的威信有所下降。林肯决心挫败对手。

有一次，机会终于来了。

林肯获悉卡特莱特又要在某教堂作布道演讲，于是就按时走进教堂，坐在了最显眼的位置上。

卡特莱特一上讲台便看见了林肯，他也认为攻击林肯的好机会来了，让林肯当众出丑的时候到了。

当演讲进入高潮时，卡特莱特突然对听众们说："愿意把心献给上帝，想进天堂的人站起来！"除林肯之外，所有的人全都站了起来。

"请坐下！"卡特莱特稍事祈祷后，又说，"所有不愿下地狱的人请站起来！"

除林肯之外，所有的人又全站了起来。

这正中卡特莱特的下怀，于是他便用十分严肃的声调说道："我看到大家都愿意把自己的心献给上帝而进入天堂，唯独有一个人例外，这个唯一例外的人就是大名鼎鼎的林肯先生，他两次都没有做出反应。请问林肯先生，您到底要到哪里去？"

林肯平静地站起来，不慌不忙地回答说："我是以一个恭顺听众的身份来这儿的，卡特莱特教友单独点了我的名，非常荣幸，卡特莱特直截了当地问我要到哪里去，我愿用同样坦率的话回答他：我要到国会去！"林肯的回答立即引起了全场热烈的掌声。

这一年，林肯当选为美国国会议员。"爱人者，人恒爱之；敬人者，人恒敬之。"

诽谤别人的结果必定会使自己受辱，而尊敬别人的人也毕竟得到别人的尊重与理解。

04 诤友良师，
才对自己有益

近朱者赤，近墨者黑，所以交友应结有德之友，绝无义之朋，这才是交友相益，才能同舟共济，患难相救。

从前有个养驴人攒了些钱想买一头驴，在市场上他刚好碰到了一个卖驴的。

养驴人凭着多年养驴的经验在和卖主谈是否买他那头驴时，提出要试养两天才能决定。

卖主很奇怪，但是养驴人既然提出要试养而且还免费为驴提供草料，便立了字据让养驴人把驴牵回家了。

养驴人便将这头驴同他家其他的驴放到了一起饲养。过了不久，养驴人便发现这头驴不理其他很勤快的驴，却和一头懒惰的驴成了朋友。

于是，养驴人便拿着字据牵着驴去找卖主，说不买它了。卖主很奇怪地问养驴人："你为什么要试养它呢？你为什么试养以后又决定不买它？"

养驴人回答："我试养它是为了判断这头驴的品性。但是很遗憾，当把它放到驴群里它却选择了一头最懒的驴为伴，我想它也不会是一头勤快的驴，所以就不买它了。"

故事中的养驴人，运用了"物以类聚"的方法判断出来了那头驴的脾气秉性，及早地将它排除在购买范围之外，避免了日后的损失。交友之中还应注意友分损益，交友的损益对于人生关系极其重要。

《论语》中有"益者三友。友直，友谅，友多闻，益矣。友便辟，友善柔，友便妄，损矣"的论断。的确，如何交友、交怎样的朋友确实是大有学问的。

管仲和鲍叔牙两人都是春秋初期的贤臣良将。

管仲，名夷吾，字仲。他幼年时，常和鲍叔牙一起游山玩水，交情深厚，相知有素。后来管仲和鲍叔牙分别给齐国的公子纠和公子小白当老师。

当时齐国的国君齐襄王非常残暴，经常不理朝政，荒淫无度，最后被大臣们杀死了。齐襄王死后，为了争夺王位，公子纠和公子小白展开了激烈的争斗，鲍叔牙和管仲也各随其主。

公子小白夺得了君位，人们称之为齐桓公。

公子纠出逃在外，被鲁国人杀死，他的老师管仲也成了囚犯。鲍叔牙得知管仲被囚，就对桓公说，管仲是个非常有才干的人，他忠实于自己的主人，这并没有什么罪过，如果桓公能够重用他，一定能够成就霸业。齐桓公采纳了鲍叔牙的建议，拜管仲为相国，位居鲍叔牙之上。管仲辅佐齐桓公，最后终于成就了齐国的霸业。

有一次，管仲和大臣们交谈，对大臣们说："我当初贫穷时，曾和鲍叔牙一起做生意，分钱财，自己多拿，鲍叔牙不认为我贪财，他知道我贫穷啊！我曾经替鲍叔牙办事，结果使他处境更难了，鲍叔牙不认为我愚蠢，他知道时运有利有不利。我曾经三次做官，三次被国君辞退，鲍叔牙不认为我没有才能，他知道我没有遇到时机。我曾经三次作战，三次逃跑，鲍叔牙不认为我胆怯，他知道我家里有老母亲。公子纠失败了，召忽为之而死，我却被囚受辱，鲍叔牙不认为我不懂得羞耻，他知道我不以小节为羞，而是以功名没有显露于天下为耻。生我的是父母，了解我的是鲍叔牙啊！"

朋友之交是信义之交，忠实于友谊。对朋友要重诺言，讲信用。这才是真正值得交的朋友。

05 学会宽容，
能为你的成功加油助力

生气，是拿别人的错误惩罚自己。宽容别人，有时就是爱护自己。给别人阳光，并不会增加自己的阴影。

有一对邻居，他们一向不和，在各自的田地里都打上了堤埂，他们的田地里也都种了西瓜。

王姓邻居勤劳，锄草浇水，瓜秧长势很好；张姓邻居懒惰，不锄不浇，瓜秧又瘦又弱，惨不忍睹。人比人，气死人。看着对面王姓邻居的瓜长的可人，张姓邻居觉得失了面子。

在一天晚上，趁月黑风高，偷跑过去把王姓邻居家的瓜秧全都扯断。

王家的人第二天发现后，非常气愤，对家人说："咱们要以牙还牙，也过去把他们的瓜秧扯断！"王家的老人说："他们这样做固然不对，但我们也不能因此就跟着学，那样太小气了。你们照我的吩咐去做，从今天开始，每天晚上去给他们的瓜秧浇水，让他们的瓜秧也长得好。而且，一定不要让他们知道。"

家里的人觉得老人说得有理，就照办了。张家的人发现自己家的瓜秧的长势一天比一天好起来，觉得奇怪。

仔细观察，发现每晚都是他们的邻居悄悄过来替他们浇水。张家的人十分惭愧又十分敬佩，深感邻居和好的诚心，于是备礼以示歉意。结果他们成了让人羡慕的好邻居。

俗话说："海宽不如心宽，地厚不如德厚"。宽厚待人是正确处理人与人之间关系的一条准则，是现代社会提倡的"学会合作"的重要条件之一。宽容，就是在与人相处时，能设身处地为别人想，充分地理解人、体谅人；在受别人错怪时，能原谅、宽恕，不斤斤计较。

战国时期，魏国有一个中大夫，名叫范雎，因事在国内不能立足，被逐出国境。

范雎很有口才，他被逐出魏国之后，仍运用能言善辩的天才，跑到秦国去，向秦昭王游说。范雎恐怕让人知道他是被魏国逐出，所以改名换姓，自称是张禄，向秦昭王建议远交近攻的政策。秦昭王认为范雎的政策很妥善，于是把范雎留在秦国拜为上卿。

后来，范雎能够时常接近秦王，而且所建议的政策，秦王都认为可行，在实施之后又得到良好的效果，于是就封范雎为秦国的丞相。范雎因为在秦国得意，便成为有财有势的大人物，认为也应该清算旧账了。凡从前对他有恩惠的人，虽然所施的恩惠只是给他吃一顿饭，范雎也重重酬谢；对于从前对他有嫌怨的人，虽然嫌怨的程度，只是张目忤视一下，他也不放过，便要实行报复。

爱默生说："一味愚蠢地强求始终公平，是心胸狭窄者的弊病之一。"因为我们不可能对人生投"弃权"票，所以就必须在努力争取的同时，学会宽容，才能正视不公平。用平和的心态去面对，它是化解种种不快的至尊法宝，也会使你收获更多。

06 广结善缘，
创设良好人际关系

在人与人的社会里，人际交往的成功与否是决定成败的关键。

宋国有个人非常喜欢猴子，所以在家里留出一间屋子养了许多只猴子。他十分爱惜这群猴子，猴子与他相处时间长了也十分听他的话，也能明白他的意思，为了这群猴子他有时甚至会把家中的口粮省下来喂养他们。

后来，家中的口粮不多了，他便想限制一下猴子们的食物，但是又怕猴子们不满意，于是想了个主意哄骗猴子说："从今以后我给你们栗子吃，早上四个，晚上三个，你们说好不好？"猴子们听了以后很不满意地摇着头，显出了极不高兴的表情。

他又说："那么早晨给你们三个；晚上给你们四个，这样总算行了吧？"

猴子们听了，手舞足蹈，高兴地同意了。

良好的人际关系是圆满解决事情的"关键"。当人一旦感受到人际关系错综复杂时，就会想尽办法逃避。如果可以的话，总想与人保持一定的距离。但是，如果只是心不甘情不愿地勉强保持距离，很容易产生不必要的误会。如果你能在工作场合积极地处理人际关系，那么你的生活会有什么样的改变呢？

孟尝君是战国时期齐国的一位贵族，非常富有，他喜欢养士，家中养了好几千门客，其中有一个人叫冯谖。这个人没有什么学问，也没有什么专长，只是因为穷得过不下去了，才投奔到孟尝君的门下找口饭吃。孟尝君收留了他，但是对他的印象并不好。虽然有了吃饭的地方，但是冯谖这个人还很挑剔，他看到那些尊贵、体面的客人顿顿吃饭有肉有鱼，而他的饭菜却十分粗劣，就敲着佩剑长吁短叹："剑啊剑啊，咱们还是回去吧，因为饭菜中没有肉啊！"

孟尝君听到后就吩咐下人给他吃鱼吃肉。可他还是不满足，一会儿嫌出门没有车，一会儿又说没有钱养家。孟尝君这个人很大度，就一一满足了冯谖的要求，为他配了车，还帮他赡养老母。

后来，孟尝君需要派一个人到他的领地薛这个地方去收债，冯谖自告奋勇地要去做这件事。孟尝君同意了他的请求。临行时，冯谖问孟尝君："债收完了以后，您需要我买点什么回来呢？"孟尝君随口说了一句："你看我家里缺少什么就买什么吧！"

冯谖到了薛地以后，将欠债的人召集到一起，以孟尝君的名义宣布，所有的债务都免除了，还当场将债据全部烧毁，当地的老百姓高兴极了。

完成了使命之后，冯谖回来向孟尝君复命，孟尝君问他买回了什么，他说："您让我看您家缺少什么，我看您家什么都不缺，唯独缺一个'义'字，所以我给您买了'义'回来。"孟尝君觉得很奇怪："'义'是怎么买的呢？"冯谖说："爱护老百姓就是'义'，所以我以你的名义把那些债务全都免除了。"

孟尝君听了很不高兴。

冯谖说："薛地是您的领地，是您的'根据地'啊！我这样做虽然使您在财物上暂时遭受到一点损失。但是，薛地的人民都知道了您的'义'。您现在虽然贵为相国，但是时局变化动荡，经营好这样一块'根据地'，对您是有好处的啊！"

一年后，孟尝君开始落魄。他被齐国的国君解除了相国的职务，回到薛地来，当地的老百姓扶老携幼地赶到百里以外前来迎接他。冯谖在薛地尽心辅佐孟尝君，薛地人民都交口称赞孟尝君的仁义，四处传诵。

魏王知道后，派遣使者带着礼物来到薛地，希望聘请孟尝君去魏国担任相国。齐王知道后，赶紧也派使者带着礼物来到薛地，对孟尝君说："以前都是我的过错。希望您能原谅我，重新回来担任齐国的相国。"就这样，孟尝君又当上了齐国的相国。

为了顺利、愉快地工作，良好的人际关系是必要的。而且，工作有所成就的人，他们的共同特点是：在公司内部广结善缘，与周围的同事彼此相互了解，培养出绝佳的合作默契，甚少被别人误解。

07 要学会欣赏赞美
别人的长处

世界上最能让人产生动力的因素就是赞美，赞美别人的同时，别人给你带来的也必定是最热诚的感激！

有一只河豚生活在水里，每天自由自在地游来游去。有一天，它在经过一座桥的时候，不小心撞在了桥墩上，把它撞得头晕目眩的，河豚生气地责怪桥墩不长眼睛，把它给撞疼了，桥墩不能说话不能动，依然静静地站在水中，任由河水在旁边穿流。河豚见桥墩没有反应，越说越气，无论它骂得怎样难听，也得不到一句回答，河豚真的被气坏了，以至于肚皮被气得很大，慢慢地浮在水面上，怎么也钻不到水里去了，这时有只鹰刚好从天空飞过，看到了浮在水面上的河豚，便俯冲下去，一把抓住了河豚的肚皮，把它抓走作了美餐。

人们在生活中常常犯河豚一样的错误，将自己的错误转嫁到别人身上并且出言不逊，这样不但导致自己的脾气暴躁，还会导致他人的意见，甚至是反唇相讥，严重地破坏了人际关系与办事效率。然而如果采取一种与之相反的态度与做法，相信结果也会变得更加美好起来。

柯达公司的创始人伊斯曼，准备捐赠巨款在罗切斯特建造一座音乐堂、一座纪念馆和一座戏院。

为了承接这批建筑物内的座椅制造，许多制造商展开了激烈的竞争。但是，找伊斯曼谈的商人们无不乘兴而来，败兴而去，一无所获。

此时，"优美座位公司"的经理亚当森前来会见伊斯曼，希望能够得到这笔价值9万美元的生意。亚当森被引进伊斯曼的办公室后，看见伊斯曼正埋头于桌子上的一堆文件，于是静静地站在那里仔细地打量起这间办公室来了。过了一会儿，伊斯曼抬起头来，发现了亚当森，便问道："请问来这里有何贵干？"

这时，亚当森没有和其他人一样谈生意，而是说："伊斯曼先生，在我等您的时候，我仔细地观察了您的这间办公室。我本人长期从事室内的木工装修，但从来没见过装修得这么精致的办公室。"伊斯曼回答说："哎呀！您提醒了我差不多忘记了的事情。真的吗？这间办公室是我亲自设计的，当初刚建好的时候，我喜欢极了。但是后来一忙，一连几个星期都没有机会仔细欣赏一下这个房间。现在看起来，它也确实棒极了。"

亚当森走到墙边，用手在木板上一擦，说："我想这是英国橡木，是不是？意大利橡木的质地不是这样的。""是的。"伊斯曼高兴得站起身来回答说，"那是从英国进口的橡木，是我的一位专门研究室内装饰的朋友专程去英国为我订的货。"

伊斯曼心绪极好，便带着亚当森仔细地参观起办公室来了，把办公室的所有的装饰一件一件地向亚当森作介绍，从木质谈到比例，又从比例谈到颜色，从手艺谈到价格，从室内装饰谈到购买趣事，然后又详细介绍了他的设计经过。这个时候，亚当森微笑着聆听，饶有兴趣。直到亚当森告别的时候，俩人都未谈及生意。你想，这笔生意会落到谁的手里，是亚当森还是亚当森的竞争者？亚当森不但得到了大批的订单，而且还和伊斯曼结下了终生的友谊。

为什么伊斯曼把这笔大生意给了亚当森？这与亚当森的口才十分有关。如果他一进办公室就谈生意，十有八九会被赶出来的。亚当森成功的诀窍是什么？说来很简单，就是他了解谈话的对象。他从伊斯曼的经历入手，赞扬他取得的成就，使伊斯曼的自尊心得到极大的满足，把他视为知己，而不是那些只想得到利益的经商者，这笔生意当然非亚当森莫属了。

心平气和地对待他人，时刻将赞美挂在嘴边，在给别人愉快心情的同时，自己的内心也能同样感受到快乐的。

08 公正待人，
不能有偏见

待人要一视同仁，任何偏见都将导致内心天平的失调。

从前齐国贵族公子孟尝君，门下养了食客几千人，个个都很有本事，文的能通今博古，武的能斩关夺寨，但也有少数下三烂混在其中。孟尝君平时一向善待食客，即使对那些所谓的"下三烂"，比如像做贼的、搞杂耍的，他也能不分贵贱、一视同仁，平等看待他们，因此，他们对孟尝君都颇为感激，十分愿意为他效力。

后来，孟尝君被招聘到秦国去做宰相，不久之后，他想辞官回家，没想到却被秦国扣住，不得脱身。此时，恰逢其食客中有一个惯偷，什么东西没有他偷不到的，为了解救孟尝君，这个小偷就在夜晚摸到秦王宫内，把一件价值连城的狐皮大衣偷到了手，然后让孟尝君献给秦王最宠爱的女人，再求这个女人去向秦王说情，孟尝君这才获得释放。

不久秦王就反悔了，要派人去把孟尝君追回来。夜间孟尝君一伙人来到城门口，城门已经紧闭，根本逃不出去。恰好食客中有一个会口技的，装作天明鸡叫，惹得四周雄鸡都应声叫了起来。守关的士兵听见鸡叫，以为天将亮了，就按作息时间把城门打开，孟尝君趁机逃出秦国，脱离了危险。

如果孟尝君不是依靠鸡鸣狗盗这些无赖和下等人，而是派人攻关，那是绝对攻不下也逃不出来的。孟尝君平时不分流品、一概而用的用人之策在这里大见功效。

有人说："孔氏用人，善善而不能用，或虽用而仍故由其肘腋，不尽其才；恶恶而不能去，或虽去而仍藕断丝连，不种仇恨。"世故圆滑，"人情"透深。用人的中庸之本，不可不学。当今的领导者，也应注意运用这种不拘一格降人才的战术，它随时都可能使你大受其益。

陆俟，北魏高宗时期人，办事干练，机智过人。陆俟年轻时被任命为内都大夫，最善于为人处世。平时，他对上谦恭，对下平和，小心谨慎，左右逢源。他与人交往行事时，先要细细观察，揣摩对方的心思，心中有了数，因此讲话自然十分得体，办事自然灵活、顺利。同僚们与他共事都非常融洽，愿意与他往来。高宗文成帝兴安初年，陆俟被赐爵为聊城侯，先后出任散骑常侍、安南将军、相州刺史，封为长广公。在他主持州政期间，扶正压邪，敢于打击横行乡里的豪强恶徒，扶助正直善良贫弱者，为他们撑腰做主。经过陆俟的治理，一向为非作歹的恶徒渐渐收敛，社会秩序大为改善，百姓们有了一个比较安定的生活环境。

陆俟治理地方的方法与诸多官员不一样，但相当有效。他一到任，首先明察暗访，将州中那些德高望重、有权威、有影响的老者恭恭敬敬请到府上，待为上宾，虚心求教，征询他们对州政的意见，请他们就如何治理各抒己见。这些老人见多识广，对全州的大小事情、历史与现状都了如指掌。长者多智，本就有许多良谋妙计，又见陆俟礼贤下士、尊重民意，征询意见非常诚恳，都愿意助刺史一臂之力。双方一拍即合，老者们将心中的想法一一道出，毫无保留。如此，陆俟大有收获，不但对州中的方方面面了然于胸，而且集中了老者们的经验和智慧，如虎添翼，信心倍增。这些老者也就理所当然地成了他长期合作的智囊团。

陆俟的另一妙招更令人叹服。他也是先调查了解，摸清底细，再挑选了各豪强之家的子弟百余人，将他们统统收为养子，殷勤招待，引导教化，并赏给衣物。然后让他们各归其家，并要求他们回去后老老实实生活，不能惹是生非，给刺史和官府找麻烦。同时让他们充作自己的助手，平时务必留心州中发生的大小事情，一旦有异，及时禀报，对恶人恶行尤要随时监视、举告。这些年轻人平日放纵，多有劣迹，为州人所鄙视，但刺史却并不轻辱，倍加关心，和善相待，严加教诲，他们岂能无动于衷，也不好再像过去那样公然作奸犯科，渐渐归入正途。这一百余人，一百余双眼睛、耳朵，使陆俟有了千里眼、顺风耳，州中事无巨细都难瞒过他。有些不法之徒刚刚作案得手，很快就被查得明明白白，抵赖不得。不论多复杂的案件，用不了多久就水落石出，该罚则罚，该判则判，快刀斩乱麻，都迅速有了公正的结果。全州上下，又佩服又惊讶，奇怪刺史明察秋毫，料事如神，凡他说的事没有不灵验的，不明底细的人，真以为他做事有神灵相助。那些作案的恶徒，心惊胆战，主动服罪；那些心存邪恶、图谋不轨的奸人也都龟缩起来，不敢轻举妄动。经过陆俟大力整治，全州很少再发生抢劫、偷盗之类的案件，风气大变，百姓安居乐业，大家都庆幸遇到了一个清正睿智的刺史。而陆俟呢，在州为官七年，贫寒节俭如故，两袖清风，一身正气。

陆俟治州，政绩斐然。当他被调任散骑常侍时，州中百姓都自动聚集起来，苦苦挽留，有千余人联名请愿，无论如何也要恩准陆俟留任。

对人要一视同仁，既不论出身，也不要用有色眼镜和偏见去看待人，这是因为人是多种多样的，不可因自己的喜好而顾此失彼。

09 多包容，
多容忍，堪为真君子

"举世皆浊我独清"，那是一个人看待事物的观点。一个人可以"独清"，但是人类作为群居动物，却不可没有朋友。

一只鹦鹉与一只乌鸦被关在一个鸟笼里。

鹦鹉觉得自己很委屈，竟和这么一个又黑又丑，表情呆板的怪物待在一起，假如谁在早晨看它一眼，这一天都会倒霉的。再没有比和它在一起更令人讨厌的了。

同样奇怪的是，乌鸦也在抱怨自己时运乖蹇，竟和这么一只令人难受的花毛家伙待在一起，乌鸦感到伤心和压抑。"我的运气为什么如此糟糕？要能和其他乌鸦一起坐在花园的墙头上，享受我们已有的一切，该有多快活啊！"乌鸦与鹦鹉之所以觉得自己都很委屈，完全是将自己看得太高，把别人看得太低的缘故。其实就他俩而言，同在一个鸟笼里，如果不去做朋友，反而相互看不起的话，只会增加自己的孤独感；相反他们要是多一些包容，没准就能够在一个笼子里找到一位知己，而快乐的生活的。

"水至清则无鱼，人至察则无徒。"你能做到"包容那些有缺点的人"，你的心态就会更加开放，心胸会变得更广、更大，也会交到更多的朋友，从而给自己营造一个更加有利的社会环境。

朋友间，一旦包容存在其中，那么必会成为知己，而终生受益的。

10 待人处世，
   莫揭他人短

有心也好，无意也罢，在待人处世中揭人之短都会伤害对方的自尊，轻则影响双方的感情，重则导致友谊的破裂。

狮子病了，卧在山洞里起不来了，大大小小的动物都来探望狮子。但是狐狸却没有来，狼觉得平时狐狸总是说自己坏话，使自己经常受到狮子的责备，便想趁这个机会给狐狸点颜色看看，于是狼对狮子说："您都病成这样了狐狸都不来看望您，显然对您不关心、没有将您放在眼里，您应该好好地处置它！"

此时狐狸正好赶来并听到了狼的诽谤。愤怒的狮子对着狐狸怒吼道："我病了你都不来看望，如果不给我个合理的解释就立刻杀了你。"狐狸说："只有我最关心您了，听说您病了，我便一直寻访名医给您寻找治病的药方。功夫不负有心人，总算让我找到了。所以至今才来，请大王原谅。"

　　狮子让狐狸赶紧献上药方。狐狸说："就是把一只狼活剥了，趁热披上它的皮便能治您的病了。"狮子下令，把狼带出去活剥了。当狼被带走时，狐狸对他说："你应该在大王面前说我的好话而不是坏话，那样你就不会有这样的下场了。"

　　在我们与他人交往的过程中，不管是当着别人的面也好，不当着别人的面也好，千万不要"舌头太长"——总是说别人的坏话，要知道坏话既是中伤他人的利刃，也是毁坏自身形象的尖刀。正所谓，害人终害己。千万不能像寓言中的狼一样，害人不成反害己。同样是说话，我们为什么不放宽心来，多说些别人的好话呢？

　　明太祖朱元璋出身贫寒，做了皇帝后自然少不了有昔日的穷哥们儿到京城找他。有位朱元璋儿时一块光屁股长大的好友，千里迢迢从老家凤阳赶到南京，几经周折总算进了皇宫。

　　一见面，这位老兄便大嚷起来："哎呀，朱老四，你当了皇帝可真威风呀！还认得我吗？当年咱俩可是一块儿光着屁股玩耍，你干了坏事总是让我替你挨打。记得有一次咱俩一块偷豆子吃，背着大人用破瓦罐煮。豆还没煮熟你就先抢起来，结果把瓦罐都打烂了，豆子撒了一地。你吃得太急，豆子卡在嗓子眼儿还是我帮你弄出来的。怎么，不记得啦！"

　　朱元璋雅兴顿失，当着后宫佳丽和众奴才的面揭自己的短处，让这个当皇帝的脸往哪儿搁。盛怒之下，朱元璋下令将之痛打然后逐出宫外。

　　交谈时要有分寸，一旦触到了对方的隐私和短处，就相当于踏进了社交"雷区"。每个人都有所长，亦有所短，要运用好"避免矛盾、稳中求安"，关键是善于发现对方身上的优点，而不要抓住别人的隐私、痛处大做文章。

11 踏踏实实做人，
能够收获更多的友谊

要想不出丑，最好的办法就是别弄虚作假。

有这样一个天才面包师，自打一生下来，就对面包有着无比浓厚的兴趣，闻到面包香就如醉如痴。长大后，他如愿以偿地做了面包师。

他做面包时，要有绝对精良的面粉和黄油；要有一尘不染、闪光晶亮的器皿；打下手的姑娘要令人赏心悦目；伴奏的音乐要称心宜人。这四个条件缺一不可，否则他就酝酿不出情绪，没有创作灵感。他完全把面包当作艺术品，哪怕只有一勺黄油不新鲜，他也要大发雷霆，认为那简直是难以容忍的亵渎。要是哪一天没做面包，他就会满心愧疚：馋嘴的孩子和挑剔的姑娘只能去吃那些粗制滥造的面包了。他从来不去想今天少做了多少生意，然而他的生意却出人意料的好，超过了所有比他更聪明更迫切想赚钱的人。

踏踏实实做人，能够收获更多的友谊；老老实实做事，能够收获更多的利益。同时还能收获那些弄虚作假的人所永远也收获不到的尊重与爱戴。

齐景公是一位生性节俭的皇帝，他在位期间，齐国的人口众多、物产丰富。他的大臣们每天都过着骄奢淫逸的生活，但是为讨齐景公的欢心，他们专门准备了破旧的马车、俭朴的衣服，每当上朝或参加国家庆典时就用这些手段欺骗齐景公。

齐景公看到他们生活得如此节俭经常夸赞他们，还经常劝他们不要太难为自己了，有时还特意发一些补助来奖励他们。可是私下里这些大臣却一点节俭的习惯都没有。有一天，齐景公决定亲自到下面去考查一下这些人的生活状况，便换了便装带了几个侍卫到街市上溜达。到了街上才发现那些上朝时坐破马车、穿旧衣服的大臣们，平时却穿着华丽的衣服骑着高头大马，前呼后拥地在街上大摇大摆地通过，那气势连齐景公本人出巡时都比不上。

齐景公看到此种情况很生气，将那些表里不一的大臣们全部都处死了，并且没收了他们的全部财产以儆效尤。

世间许多事都如此，当你刻意追逐时，它就像蝴蝶一样振翅飞远；当你摒去表面的风尘杂念，为了社会，为了他人，专心致力于一项事情时，那意外的收获却在悄悄光顾你。

12 什么时候也不要
忘了人是有感情的

城市里林立的高楼，阻碍了人们间的交流，因此，城市人就显得人情淡薄。

从前，有一个乡下的蚊子和一个城里的蚊子是好朋友。

有一次乡下的蚊子请城里的蚊子到乡下玩，到了晚上就请城里的蚊子搓饭。因为乡下人穷，都不挂蚊帐，所以两只蚊子饱餐一顿。

过了些日子，城里的蚊子回请乡下的蚊子到城里玩。到了晚上也要请客人吃饭，可城里人都挂蚊帐，两只蚊子在城里转了半晚也没找着个可叮的人。可是又不好让客人空着肚子回家，城里的蚊子只好带乡下的蚊子到庙里去，两只蚊子对着泥菩萨叮了半天，天亮了乡下的蚊子就回家了。

回去以后，其他乡下的蚊子问它："城里怎么样啊？"

它回答说："城里哪都挺好的，就是城里的人没有人味儿。"

人情与物质相比，到底哪个更有价值？如果我们能对处于困境中的人有所帮助，我们所损失的那点物质又算得了什么？物质的东西我们还可以再创造，但对人的伤害却难以弥补。珍惜人情味吧，它的价值是无法估量的。

"我从未遇见过一个我不喜欢的人。"威尔·罗吉士说。这位幽默大师能说出这么一句话，大概是因为不喜欢他的人绝无仅有。罗吉士年轻时有过这样一件事，可为佐证。

1898年冬天，罗吉士继承了一个牧场。有一天，他养的一头牛因冲破附近农家的篱笆去啃食嫩玉米，被农夫杀死了。按照牧场的规矩，农夫应该通知罗吉士，说明原因，可农夫没这样做。罗吉士发现了这件事，非常生气，便叫一名佣工陪着他骑马去和农夫论理。他们在半路上遇到寒流，人身马身都挂满冰霜，两人差点冻僵了。抵达木屋的时候，农夫不在家。农夫的妻子热情地邀请两位客人进去烤火，等她丈夫回来。罗吉士烤火时，看见那女人消瘦憔悴，也发觉5个躲在桌椅后面对他窥探的孩子瘦得像猴儿。农夫回来了，妻子告诉他罗吉士和佣工是冒着狂风严寒来的。罗吉士刚要开口跟农夫论理，忽然决定不说了，他伸出了手。农夫不晓得罗吉士的来意，便和他握手，留他们吃晚饭。

"二位只好吃些豆子，"他抱歉地说，"因为刚刚在宰牛，忽然起了风，没能宰好。"盛情难却，两人便留下了。在吃饭的时候，佣工一直等待罗吉士开口讲起杀牛的事；但是罗吉士只跟这家人说说笑笑，看着那几个一听说从明天起几个星期都有牛肉吃便高兴得眼睛发亮的孩子。饭后，朔风仍在怒号，主人夫妇一定要两位客人住下。两人于是又在那里过夜。

第二天早上，两人喝了黑咖啡，吃了热豆子和面包，肚子饱饱的上路了。罗吉士对此行的来意依然闭口不提。佣工就责备他："我还以为你为了那头牛大兴问罪之师呢。"

罗吉士半晌不作声，然后回答："我本来有这个念头，但是我后来又盘算了一下。你知道吗，我实际上并未白白失掉一头牛，我换到了一点人情味。世界上的牛何止千万，人情味却稀罕。"相信人就要多些人情味，世界将会更美好，而人与人的距离将会更接近。用我们的热情与理解去创造更多的人情味出来吧！

13 要想赢得尊重，
必须诚挚待人

真诚能打动人，真诚能赢得一切尊重与理解。

有两个人十分要好，彼此不分你我。一日他们走进了沙漠，干渴威胁着他们的生命。上帝为了考验他俩的友情，就对他们说：前面的树上有两个苹果，一大一小，吃了大的就能平安走出沙漠。两人听了，就都让对方吃那个大的，坚持自己要吃小的。争执到最后，谁也没说服谁，两人都迷迷糊糊睡着了。

不知过了多长时间，其中一个突然醒来，却发现他的朋友早向前走了。于是他急忙走到那棵树下，发现两个苹果只剩下了一个。摘下来一看，很小很小。他顿时感到朋友欺骗了他，便怀着悲愤与失望的心情向前走去。突然，他发现朋友倒在前面，便毫不犹豫地跑了过去，小心地将朋友轻轻抱起。这时他惊异地发现：朋友手中紧紧地攥着一个苹果，而那个苹果比他手中的小得多。这个人为自己的猜疑而脸红，也被朋友的真诚所感动，最终他们打动了上帝，帮助他们走出了沙漠。

每个人都希望得到别人的真诚相待。要想别人真诚待你，你就应当首先主动真诚地去对待别人。你怎样待人，别人也会怎样待你。你与人为善、真诚待人，别人通常也会反过来如此待你。与人相处中付出的十分真诚得到了八九分的回馈，自然是情有所值、利大于弊。

齐国宰相晏子出使晋国完成公务返国的途中，路过赵国的中牟，远远看见有一个人头戴破毡帽，反穿皮衣，正从背上卸下一捆柴草，停在路边休息。待走近观看，晏子觉得此人的神态、气质、举止都不像个粗野之人，为什么会落到这么寒酸的地步呢？

于是，晏子让人停车，并亲自下车前去询问："你是何人？为何会到这儿来？"那人如实相告："我是齐国的越石父，三年前被卖到赵国的中牟，给人家当奴仆，失去了人身自由。"晏子又问："那我可以用钱物把你赎出来吗？"越石父说："当然可以。"

于是，晏子用自己车左侧的一匹马作代价，将越石父赎出，并同车载归。

到了馆舍，晏子没有和越石父打招呼，便独自下车径直进去了。对此，越石父非常生气，要求与晏子断绝关系。晏子派人对越石父说："我以前并不认识你，你在赵国为奴多年，我看见后就把你赎出来，我对你还不够好吗？为什么这么快就要和我绝交呢？"越石父回答说："一个自尊而且有真才实学的人，受到不知底细的人的轻慢，是不必生气的；可是，他如果得不到知书识理的朋友的平等相待，必然会愤怒。任何人都不能自以为对别人有恩，就可以不尊重对方；同样，一个人也不必因受惠而卑躬屈膝，丧失尊严。您把我赎出来，是您的好意。在回国的途中，您一直没有给我让座，我以为这不过是一时的疏忽，并未计较；现在到家了，您却只管自己进屋，竟连招呼也不和我打一声，这不说明您依然在把我当奴仆看待吗？因此，我还是去做我的奴仆好，请您再次把我卖了吧！"

晏子听了越石父的话，急忙向他道歉并诚恳地说："我在中牟时只是看到了您不俗的外表，现在才真正发现了您非凡的气节和高贵的内心。请您原谅我的过失，不要弃我而去，行吗？"从此，晏子将越石父尊为上宾，以礼相待，两人渐渐成了相知甚深的好朋友。

没有人不喜欢真诚，真诚是生活中的通行证，有了这张通行证，我们就会在生活中畅通无阻，一帆风顺。

14 一个微笑，
就是一缕阳光

一个微笑，就像阳光一样刺穿了阴影，让人性中的善得以发扬，让人与人的距离骤然拉近。

在美国，有一根电线断了，电到了一个小孩的脸，虽然没有造成致命的伤，可是把他左边的脸颊烧坏了，因而引起一场官司。

在法院里，原告的辩护律师要小孩把脸转向陪审团笑一笑，结果只有右脸颊能笑，左脸颊因神经被烧坏，根本笑不起来。

只花了12分钟，陪审团就一致通过，小孩可获得两万美元的赔偿金，从此决定了微笑在法律上的价值。

只要是人，他的身上就总有人性的光辉，只是有时被一些外在的阴影遮盖住了。因为微笑就意味着友爱，意味着对别人的信任与尊重。而故事中的孩子就是通过一个微笑博得陪审团的爱心的。当然，微笑的作用还不止如此，在危难时刻甚至它还会获得生还的机会。

在西班牙内战期间，艾·罗特参加了国际纵队，到西班牙参战。在一次激烈的战斗中，艾·罗特不幸被俘，被投进了单间监牢。

对方那轻蔑的眼神和恶劣的待遇，使艾·罗特感到自己像是一只将被宰杀的羔羊。艾·罗特从狱卒口中得知，明天艾·罗特将被处死。艾·罗特的精神立刻垮了下来，恐惧占据了全身。艾·罗特双手不住地颤抖，伸向上衣口袋，想摸出一支香烟来。这个衣袋被搜查过，但竟然还留下了一支皱巴巴的香烟。因为手抖动不止，艾·罗特试了几次才把它送到几乎没有知觉的嘴唇上。接着艾·罗特又去摸火柴，但是没有了，它们都被搜走了。

透过牢房的铁窗，借着昏暗的光线，艾·罗特看见一个士兵，一个像木偶一样一动不动的士兵。他用不着看艾·罗特，艾·罗特不过是一件无足轻重的破东西，而且马上就会成为一具让人恶心的尸体。但艾·罗特已顾不得他会怎么想自己了，艾·罗特用尽量平静的、沙哑的嗓音，一字一顿地对他说："对不起，有火柴吗？"

士兵慢慢地扭过头来，用他那双冷冰冰的、不屑一顾的眼神扫了艾·罗特一眼，接着又闭了一下眼，深吸了一口气，慢吞吞地踱了过来。他脸上毫无表情，但还是掏出火柴，划着火，送到艾·罗特嘴边。

在这一刻，在黑暗的牢房中，在那微小但又明亮的火柴光下，他的双目和艾·罗特的双目撞到了一起，艾·罗特不由自主地咧开嘴，对他送上了微笑。艾·罗特也不知道自己为什么会对他笑，也许是有点神经质，也许是因他帮助了艾·罗特，也许是因为两个人离得太近了，一般在这样面对面的情况下，人不大可能不微笑，不管怎么说，艾·罗特是对他笑了。

艾·罗特知道他一定不会有什么反应，他一定不会对一个敌人微笑。但是，在两个冰冷的心中，在两个人类的灵魂间撞出了火花，艾·罗特的微笑对他产生了影响。在几秒钟的发愣后，他的嘴角也开始不大自然地往上翘。点着烟后，他并不走开，却直直地看着艾·罗特的眼睛，露出了微笑。

艾·罗特一直保持着微笑，此时艾·罗特意识到他不是一个士兵，一个敌人，而是一个人！这时他好像完全变成了另一个人，从另一个角度来审视艾·罗特。他的眼中流露出人的光彩，探过头来轻声问："你有孩子吗？"

"有，有，在这儿呢！"艾·罗特忙不迭地用颤抖的双手从衣袋里掏出票夹，拿出艾·罗特与妻子和孩子的合影给他看，他也赶紧掏出和家人的照片给艾·罗特看，并告诉艾·罗特说："出来当兵一年多了，想孩子想得要命，再熬几个月，才能回家一趟。"艾·罗特的眼泪止不住地往外涌，对他说："你的命可真好，愿上帝保佑你平安回家。可我再不可能见到我的家人了，再也不能亲吻我的孩子了……"艾·罗特边说边用脏兮兮的衣袖擦眼泪、擦鼻子。士兵的眼中也充满了同情的泪水。

突然，他的眼睛亮了起来，用食指贴在嘴唇上，示意艾·罗特不要出声。他机警地、轻轻地在过道巡视了一圈，又踮着脚尖小跑过来。他掏出钥匙打开了艾·罗特的牢门。艾·罗特的心情万分紧张，紧紧地跟着他贴着墙走，他带艾·罗特走出监狱的后门，一直走出城。之后，他一句话也没说，转身往回走了。

艾·罗特的生命被一个微笑挽救了……

微笑代表了友善、亲切、礼貌与关怀。它不用花什么力气，就能使人浑身舒畅。只要你养成逢人就亲切微笑的好习惯，保证你广结善缘，事事顺利成功。如果你从来没有笑过，也不知从何微笑起，不妨现在就去买一面镜子，每天面对着镜子勤加练习吧！

15 真诚和热情，
是伴你走向成功的孪生兄弟

真诚和热情，确实是把打开通往天堂之门的钥匙。

有两张犁，由同一家工厂铸造，它们甚至是由同一个工匠用同一块铁铸成的。

其中一张犁特别积极，到了农民手里，马上就焕发出生命的活力——怀着激情辛勤地耕作起来；而另一张犁十分懒惰，被一直搁在家里，迟迟未能出去劳动。

一个偶然的机会，两张犁碰在了一起，不禁唏嘘不已。那张在农民手里的犁，发出银子般的光芒，甚至比刚拿出工厂时更加光亮，而那张被闲置在家里一直无所作为的犁，却布满了铁锈，显得黯淡无光。

"兄弟，你为什么会变得那样光亮，我却如此黯淡无光呢？"那张生满铁锈的犁情绪低落地问它的朋友。

　　"这是因为我一直怀着激情在劳动，我一直在不停地工作啊！"那张光亮的犁骄傲地回答说："我的朋友，你生锈了，变得反而不如以前亮了，原因是你整天待在家里，无所事事。"

　　生活就是一面镜子，你对它笑，它也对你笑。如果你觉得自己生活在一个真诚的世界里，那么看到的就是鲜花和阳光。反之，恐怖的魔鬼和无间的地狱就会对你露出狰狞的面孔。如果你缺少一颗充满爱、真诚与热情的心，那么无论你身处多么优越的地位，拥有一份多么令人眼红的工作，你的日子依旧了无生趣，甚至会因绝望而做出愚蠢的选择。

　　美国有线电视新闻网著名的脱口秀主持人拉里·金，出生于纽约的布鲁克林区，10岁时父亲因心脏病去世，从此靠着公众救济金长大成人。

　　从小便向往广播生涯的他，从学校毕业后先是到迈阿密一家电台当管理员，经过一番努力才坐上主播台。

　　他曾经写了一本有关沟通秘诀的书，书名叫《如何随时随地和任何人聊天》。书里提到他第一次担任电台主播时的经历，他说，那天如果有人碰巧听到他主持的节目，一定会认为："这个节目完蛋了。"

　　那天是星期一，上午8点30分他走进了电台，心情紧张得不得了，于是不断地喝咖啡和开水来润嗓子。

　　上节目前，老板特地前来为他加油打气，还为他取了个艺名："叫拉里·金好了，既好念又好记。"从那一天开始，他得到一个新的工作、新的节目与一个新的名字。节目开始时，他先播放了一段音乐，就在音乐放完准备开口说话时，喉咙却像是被人割断似的，居然一点声音也发不出来。

　　结果，他连播了三段音乐，之后仍然一句话也说不出来，这时，他才沮丧地发现："原来，我还不具备做专业主播的能力，或许我根本就没胆量主持节目。"这时，老板忽然走了进来，对着满脸丧气的拉里·金说："你要记得，这是个沟通的事业！"

　　听到老板这么提醒，他再次努力地靠近麦克风，并尽全力地开始他的第一次广播："早安！这是我第一天上电台，我一直希望能上电台……我已经练习了一个星期……15分钟之前他们给了我一个新名字……刚刚我已经播放了主题音乐……但是，现在的我却口干舌燥，非常紧张。"

拉里·金结结巴巴地一长串说了下来，只见老板不断地开门提示他："这是项沟通的事业啊！"

终于能够开口说话的他，似乎信心也唤回来了，这天，他终于实现了梦想，也成功地完成了梦想！那就是他广播生涯的开始，从此以后，他不再紧张了，因为第一次广播经验告诉他"只要满怀热诚地能说出心里的话，人们就会感受到你的真诚，并且，善良地接受它。"

工作的人都有抱怨自己命苦的时候。可是，如果不把工作视为生活之外的烦人事项，而是要把工作融入我们的生活，融入我们的心中，那么，我们自然而然就会心甘情愿地付出，也才会用最热情的心去感受这个生活中的必需。

16 走自己的路，
不要让是非口舌绊倒

凡是有人存在的地方，就会成了是非之地。人生在世，你有你的是非，他有他的是非，是非总是讲不清的，甚至连自己也是分辨不清的。对是非避之唯恐不及，没有必要纠缠于分不清的是与非。

有对父子赶着一头驴进城，子在前，父在后，半路上有人笑他们："真笨，有驴子竟然不骑，自己走着进城。"于是父亲马上让儿子骑上驴子。走了不久，又有人说："真是不孝的儿子，自己骑驴竟然让自己的父亲走路。"

父亲赶忙叫儿子下来，自己骑上了驴背。走了一会，又有人说："真是狠心的父亲，自己骑驴，让孩子走路，不怕孩子累死？"父亲连忙叫儿子也骑上驴背，这下子总该没人有意见了吧！谁知又有人说："两个人骑在驴背上，不怕把那瘦驴压死？"父亲俩赶快溜下驴背，把驴子四只脚绑起来，一前一后用棍子扛着。经过一座桥时，驴子因为不舒服，挣扎了一下，结果掉到河里淹死了！

上述故事中的父亲就是深为那些"是非"所累。到头来弄得自己不知所措，失去自我的判断能力。最终把事情搞得一团糟。

有人群的地方就会有是非；有相信"是非"的，就有搬弄是非者的用武之地。所以，与其说"是非"是人为杜撰出来的，不如说是由人"信"出来的。有了是非，原本亲密无间的好友可以反目成仇；没有是非的空间则让人感到耳根清净、心情舒畅。既然如此，就不要去相信搬弄"是非"的人，去传播伤害朋友、影响和谐的那些"是非"。

琳达在上班路上遇到部门公认的美女主管阿美，看到她从一辆豪华轿车上下来，两人寒暄了几句。回到办公室，女孩子们正在聊天，"琳达，以后少和那个阿美接触，听人说她在外面被人包养了。""难怪，我看到她从一辆豪华轿车上下来。"办公室里一下炸锅了，一传十，十传百，下午开会阿美看她的眼神都不对了。

以后阿美处处都找琳达的麻烦，原来全公司都在传阿美被人包养，而且还有人亲眼见到了，而那个人自然是无意之中多嘴的琳达了。此时的琳达有嘴也说不清了，只得找了个借口递了辞呈。杜绝"是非"的人会在听到他人议论自己朋友的时候遏制"是非"的传播，更不会把"是非"传到朋友那里。因为真正的朋友只是希望对方快乐，而不愿意让朋友因为听到那些"是非"而生气。